U0052234

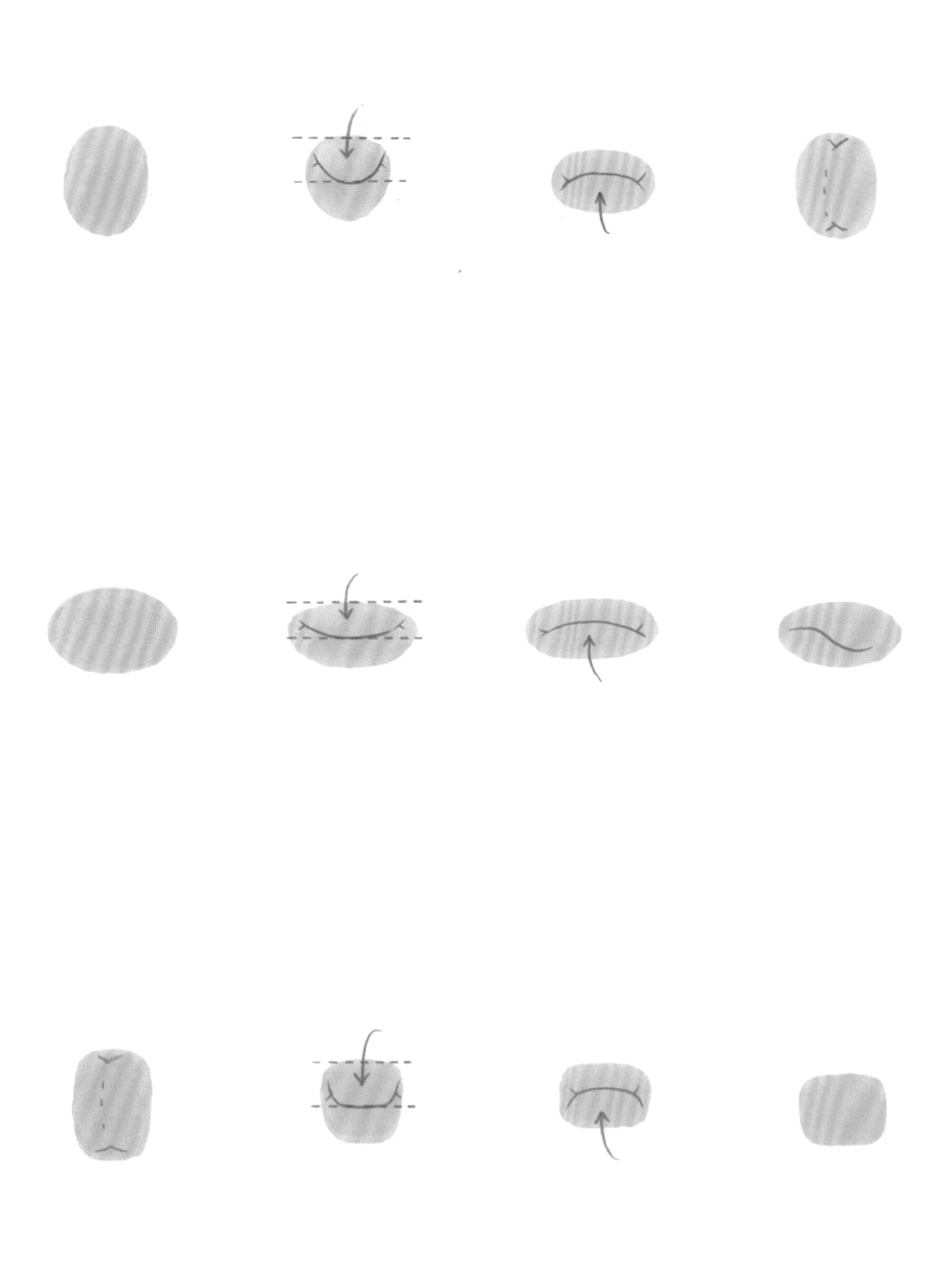

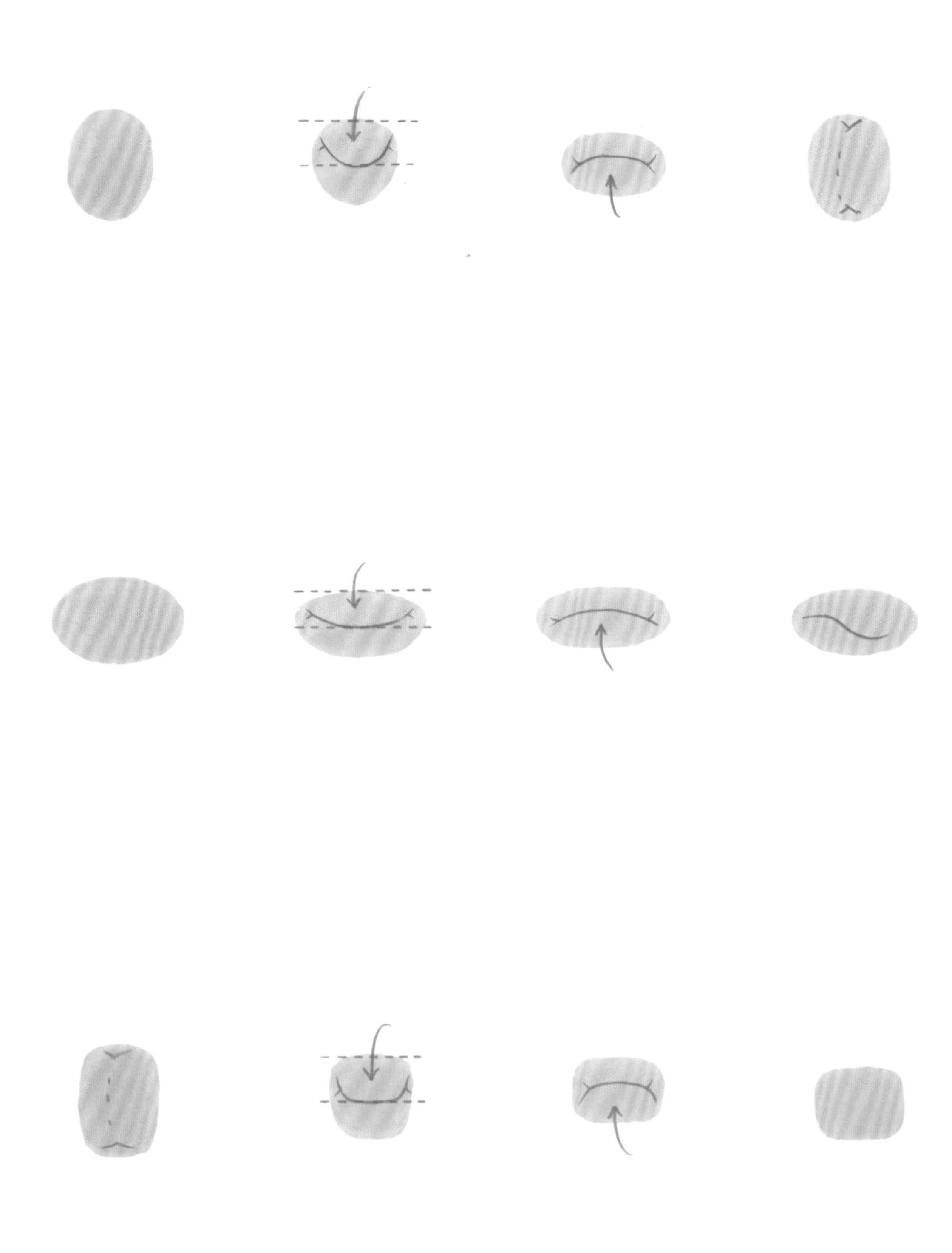

易學不失敗！
12原則×9步驟
以少少の酵母在家作麵包

零蛋&零奶油的美味。

Yukie 幸栄

CONTENTS

本書使用方法
計量單位為一大匙＝15ml、一小匙＝5ml。
＊本書中使用瓦斯烤箱。
因烤箱機種不同，請根據所使用機型進行調整。
使用電子烤爐時請調升溫度10至30℃，並將烤盤一同預熱。

前言

「以少量的酵母製成的麵包，究竟與其他麵包有何不同？」
聽到這說法，產生疑惑的人應該不少吧！

我認為麵包好吃與否取決於「耗費的時間」。

麵包製作過程中需經過「一次發酵」及「二次發酵」。
沒錯，麵包是發酵製品。
作麵包時一定要試著多花一點時間讓麵包充分發酵。
為了讓麵包緩慢發酵，因此使用少量的酵母；
另一個影響麵包好吃與否的祕訣就是「水的溫度」。

「作個麵包，要耗了一整天嗎？」
不對不對，沒這回事！

一次發酵的時間約為三小時，
揉好麵團後，你可以去買個東西，也可以打掃一下，就連散個步也沒問題！
揉完麵團等一下，分割成型後再等一下，就可以烘烤囉！
這就是與生活韻律完全結合的麵包製作法，作麵包就是生活中的一部分。

作麵包原來就是如此簡單！
在家裡也可以作出好吃的麵包！

以少量酵母緩慢發酵的麵包滋味更加豐美，
一起來試作隔天仍然美味的自製麵包吧！

遵守以下準則，就可以作出美味的麵包。

以少量酵母製作麵包的祕訣

●準確測量

粉料1g、水1g都得小心誤差。請使用可精密測量的電子秤。

●測量水溫

請配合室溫調整水的溫度。這是不失敗＆製作美味麵包的訣竅。

54℃－室溫＝水溫
（菜子油麵包、無油麵包、胡麻油麵包）
★例：室溫25℃時水溫為29℃。

50℃－室溫＝水溫
（橄欖油麵包、鄉村麵包、洛斯迪克）
★例：室溫25℃時水溫為25℃。

●以手揉至麵團無粉狀

在最初混合麵粉與水的揉麵階段中如果留下結塊，會使烤好的麵包產生粉塊。若在揉麵過程中出現麵團黏手的情況時，記得以水稍微將手沾濕再繼續揉麵，就不會黏手了。

●確實進行發酵

第一次發酵是否充足是非常重要的。在麵團膨脹至2至2.5倍前，請耐心等待吧！

●發酵時間為約略時間

書中所有的發酵時間皆為大略時間。請多練習便可自行判斷。

●勿多次切割麵團

在分割麵團時，總是不小心一切再切。分割時盡量保持麵團完整減少斷面產生。將麵團揉為圓形，當需調整麵團重量時，請由刻痕處加入。

●分割時可接受誤差值

使用電子秤分割時，如果要求精準秤60g，是不太可能。1至2g誤差值是被允許的，只要不出現烘烤不均的情況即可。

●重要的醒麵時間

若是過分揉捏，麵團會太過緊實，將不利於成型。要讓麵團放鬆，需將麵團靜置休息一段時間。

●調整酵母用量

根據氣溫變化調整酵母為1至2g。例如：讓人想脫掉上衣，熱汗淋漓的大晴天為1g，想要多添一件外衣的寒冷日子就改為2g。大約是以20℃為基準來調整用量。夏天請將粉類置於冰箱冷藏。

25℃時酵母使用1g：
當溫度更高時，請儘量放置於陰涼場所，並延長發酵時間。

20℃時酵母使用2g：
當溫度更低時，請儘量放置於溫暖的場所，以促進發酵。

●勿使用過多手粉

當麵團成型時常需撒上手粉，當撒得過多，反而太滑不利作業，薄薄一層手粉即可。

●調整水量

當製作麵包程序漸漸上手後，可嘗試增加水量。將185g水提高到188g、190g……200g。當水分含量越多，麵包的豐盈口感也會增加，也請您挑戰試作看看吧！

●電烤箱也能烘焙好吃麵包

比起瓦斯烤箱，電烤箱的火力較弱，機種不同，特性各異。請多嘗試找出訣竅吧！
使用電烤箱時，請將烤盤反過來使用。記得將烤盤和電烤箱一起預熱，完畢後，再繼續預熱約十分鐘。而將麵團放置到預熱烤盤的方法是，將二次發酵完畢後的麵團與烘焙紙一起輕放入烤盤即可。
由於電烤箱的麵團側面較不易上色，請將麵團間的間距加大。

DRETEC
入/切
0.1/0.5g
0表示

完全不使用蛋＆奶油，
就能作出美味的好吃麵包！

準備基本材料

高筋麵粉（カメリヤ）
其中蛋白質含量最豐富，適合製作麵包。雖然高筋麵粉種類眾多。麵粉種類不同，水分吸收的程度、整型方式、風味等也有所不同，本書推薦使用カメリヤ（日清山茶花）高筋麵粉。

中筋麵粉（リスドオル）
相較於高筋麵粉，蛋白質含量較少。又稱為法國麵包專用粉。因麵粉種類不同，水分吸收程度、整型方式、風味等也都有所不同，本書使用日清リスドオル（百合花法國粉）中筋麵粉。

高筋全麥麵粉
將小麥的表皮、胚芽、胚乳一起研磨的麵粉。含有豐富的食物纖維及鐵質。全麥麵粉也有低、中、高筋之分，本書所使用的皆為日清超級全麥粉（高筋）。

砂糖・蜂蜜
砂糖的作用是增加麵包甜味、維持酵母的活性，創造出柔潤豐盈的口感。書中使用具自然甜味的精緻砂糖。鄉村麵包及洛斯迪克則使用蜂蜜。

自然鹽
除了為麵包提味調味，也能強化麵團的筋性。因本書不使用蛋及奶油，鹽對於整體風味的影響性變得更加重要。建議使用方便混合的細鹽，或將粗鹽磨細。

酵母
本書使用不需預備發酵的速發酵母。選擇非耐糖性的即可。若使用saf製品（法國燕子牌速發酵母），不需使用金裝酵母，使用紅裝即可。本書中食譜的單次使用量極少，開封後請確實密封，置於冰箱保存。

水
請使用濾淨後的自來水，鹼性水會抑制發酵，請避免使用。若要使用礦泉水，請挑選與自來水相近的軟水。

油
以菜子油、胡麻油、橄欖油等製作出不同的麵團。菜子油可作為沙拉醬的植物油；胡麻油呈茶色，香氣濃；本書使用特級初榨的橄欖油，請依個人喜好挑選即可。

準備基本工具

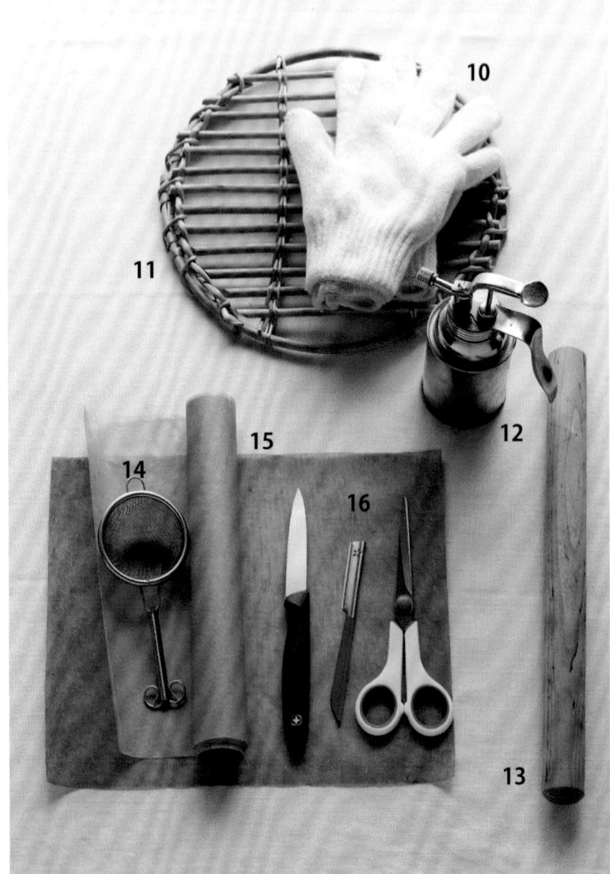

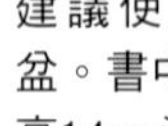

1：鋼盆
建議使用較深且大的鋼盆。書中使用直徑27cm、高14cm深型鋼盆。

2：發酵用容器
建議使用容量1.4ℓ可密閉容器。為了一目瞭然容器中發酵情況，建議使用平底圓柱狀的容器。

3：切麵刀
曲線端可用於刮除鋼盆中的粉類或刮刀上的麵團，直線端可用於切麵。也稱為刮板。

4：溫度計
用於測量水溫。請選擇酒精型溫度計或電子溫度計。

5：布
輕覆於麵團上的薄布。根據季節不同調整溫度，炎熱的夏天時使用冰冷的布，寒冷的冬天則使用溫暖的布。

6：電子秤
用於材料或麵團秤重。物理秤不易準確測量，推薦使用電子秤。電子秤可量測的單位較小，十分便利。

7：量匙（小匙）
方便量測酵母用量。

8：橡皮刮刀

9：工作檯
木製工作檯。建議選擇具有一定高度的工作檯較方便使用。

10：麻布手套
建議一次戴上兩雙手套，具止滑效果，當從烤箱取出烤盤或拿取剛烤好的麵包時使用。或準備隔熱手套。

11：網架．鐵架
用於放置剛出爐的麵包，使其冷卻。

12： 噴霧器
建議選擇噴霧口較細緻的噴霧器。

13：擀麵棍
於製作佛卡夏、披薩時使用。

14：小篩網
將粉類過篩或撒粉料在麵團上時使用。

15：烤盤紙．烘焙紙

16：整形刀．剃刀．剪刀
作者使用「Wenger」出產的削皮刀。也可使用無安全鎖的剃刀。剪刀選擇一般輕巧型即可。

菜子油の原味麵包

可搭配當季蔬菜，或手工果醬一起食用；
或直接享用原味麵包也很美味。
本麵包的作法包含了多個基礎步驟，
請試著多製作幾次。
當您熟悉製作流程後就能自然上手，
作麵包時也會變得很愉快喔！
烘焙完成後，大口咬下剛出爐的麵包，
細細地感受熱呼呼的幸福吧！

材料（8個份）		
A	高筋麵粉	150g
	中筋麵粉	120g
	高筋全麥麵粉	30g
	精緻砂糖	15g
	鹽	5g
水 ★水的溫度為54℃－室溫＝水溫		185g
速發酵母		1g（¼小匙）
菜子油		10g

1：混合　將粉類與水混合

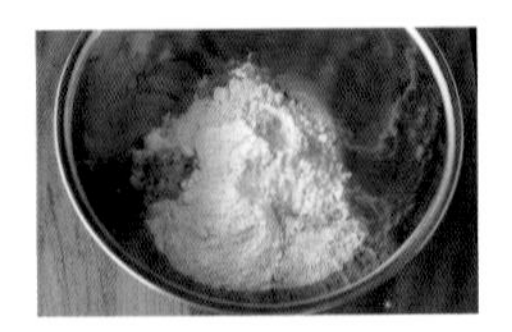

①
將A粉料倒入鋼盆中充分攪拌混勻後，在中央製作一凹槽，加水後再加入酵母。
★酵母用量請依室溫調整（請參閱P.6）。

②
先以刮刀大致攪拌。

③
當水與粉類混合後，開始以手揉麵。
★此步驟將揉麵揉成一圓形麵團，至無粉狀的程度。

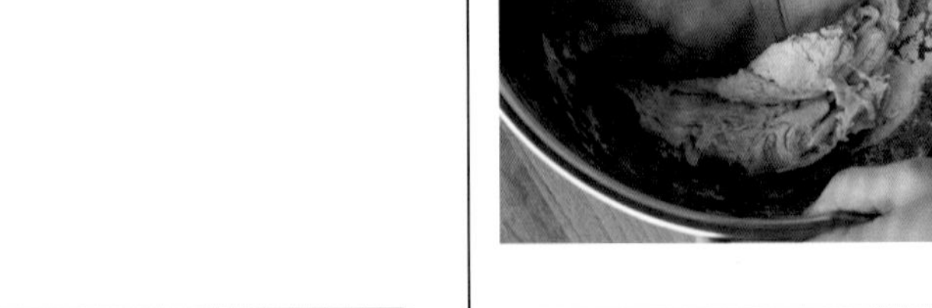

④
將沾在手上的麵團以橡皮刮刀刮下，揉入麵團中。

POINT

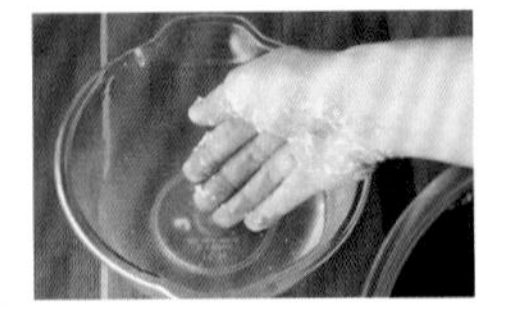

揉麵時麵團變得黏答答時，稍微將手沾濕再繼續揉麵，可減輕黏手的情形。

⑤
將濕布覆蓋於麵團上，靜置15分鐘。

2：揉麵　以手揉至麵團呈現表面光滑

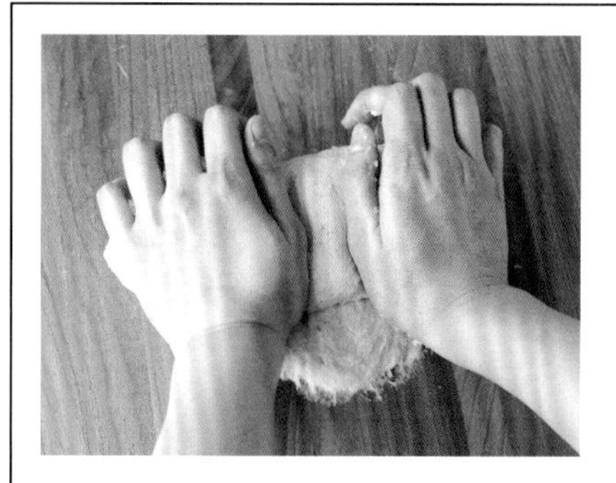

揉麵

①
靜置15分鐘後，將麵團取出放於工作檯，傾全身重量以掌腹將麵團從靠近操作者身體一側向前推揉。

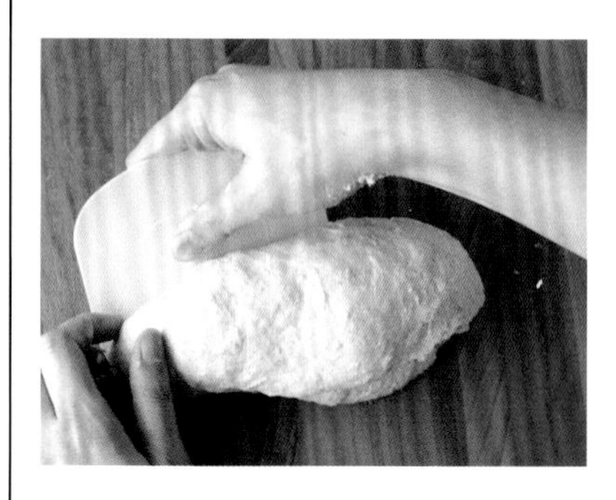

②
當麵團呈橫長形時，將麵團旋轉九十度為縱長。
★當麵團變得較黏，沾黏在工作檯上時，可以切麵刀自麵團底部將麵團刮起。

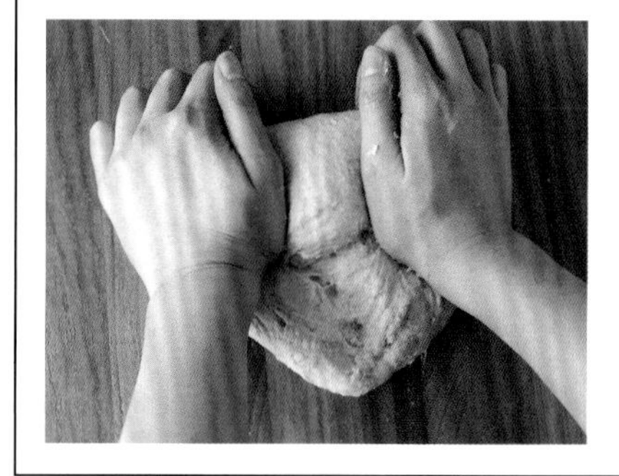

③
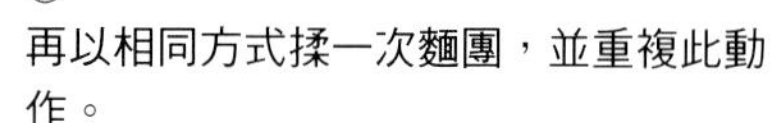
再以相同方式揉一次麵團，並重複此動作。
★揉麵的時間約為3分鐘。力道雖因個人而有差異，但不要太過用力。

甩麵

④
以慣用手的中指、無名指、小指將麵團托起。

⑤
反手將麵團翻轉甩上工作檯。力道大約像是將東西用力甩出似的感覺。
★此時麵團並不會離開手掌，切勿丟出於工作檯面。

⑥
將麵團拿回面前，重複「甩麵」動作。
★製作鄉村麵包或洛斯迪克這類水分較多的麵包時，請以此步驟的甩麵法進行揉麵工作。

3：揉入油脂　將菜子油揉入麵團

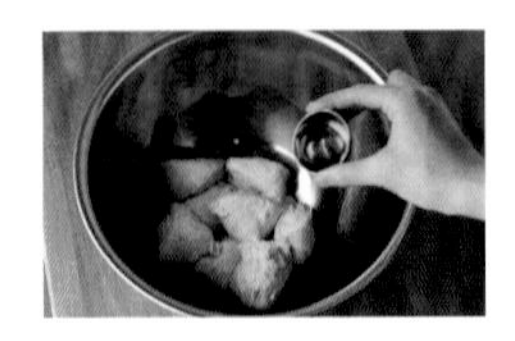

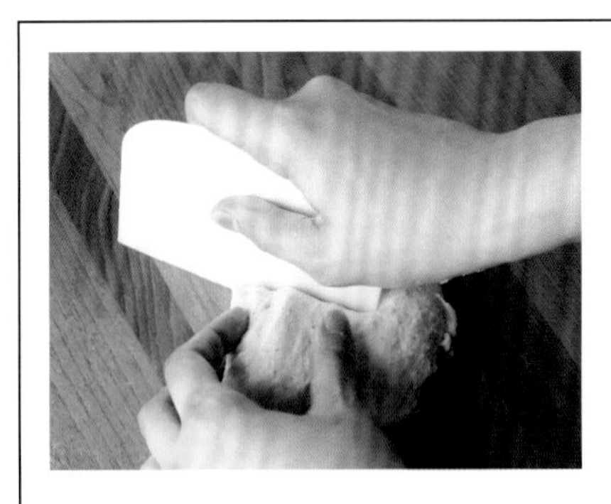

①
將麵團以切麵刀切成八等份。
★將麵團先切小後較易將油脂混入。

②
放回鋼盆，倒入菜子油，以手揉麵混合。再將麵團放至工作檯上，充分揉入菜子油，並將麵團整圓。

4：一次發酵　讓麵團發酵至2至2.5倍

①
在容器抹上薄薄一層的菜子油（分量外），將麵團較平整的一面朝上放入，以手輕壓，使表面平整。覆蓋濕布後放置約3小時（酵母1g、室溫25℃的情況），使之發酵至2至2.5倍大小。
★麵團最怕乾燥，請勿使用保鮮膜。

POINT
將發酵前後的高度以紙膠帶作記號，以方便判斷。
★時間僅供參考，請依實際情況進行判斷。

5：分割　將麵團切為數塊

①
薄撒一層手粉在工作檯上，將麵團輕放於工作檯上。

POINT

為了使麵包烘烤均勻，請以電子秤秤量後再切塊。先秤出整塊麵團的重量，再除以個數。

②
將麵團分為8等份。不需在意些微誤差（1至2g）。訣竅是盡可能一次完成分塊作業，不要留下太多切痕。

③
將分割後的麵團揉圓。底部收口處不需捏緊。

6：休眠時間　為了使麵團容易成型，讓麵團休眠。

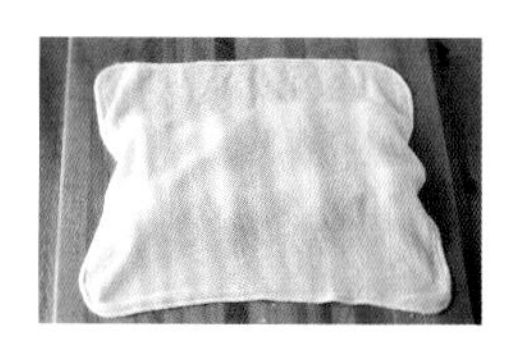

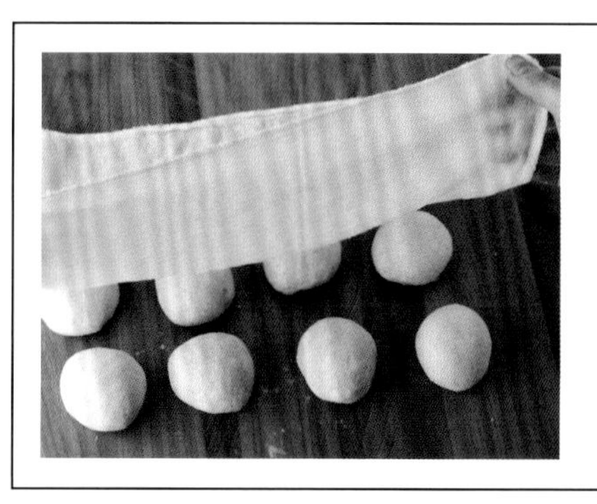

①
將分塊的麵團蓋上濕布，放置約20分鐘。

7：成型　為麵包塑型的步驟

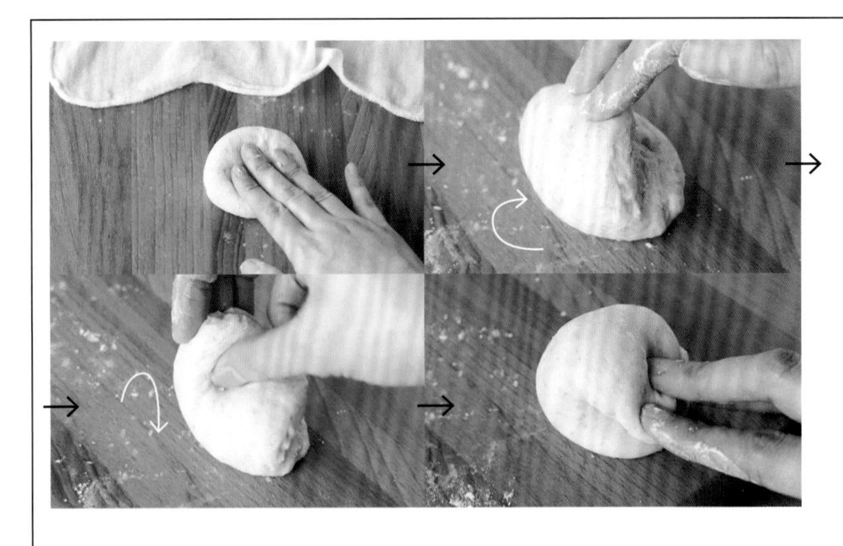

①
將麵團取出，麵團收口處朝上，以手輕輕壓平。如圖向右摺半後再向下摺半。

②
將麵團放於非慣用手的手掌上，以慣用手將表面的麵皮朝往摺線處拉平並整圓。

③
像包肉包一樣，將摺線開口處以手指捏緊底部收口，將封口朝下擺放。

8：二次發酵　讓麵團發酵1.5至2倍大

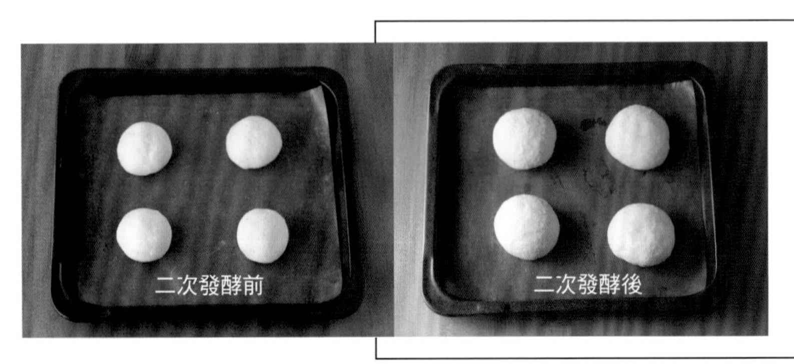

①
將烤盤鋪上烘焙紙後，將麵團等距排放。蓋上濕布放置約50分鐘（酵母1g、室溫25℃的情況），約膨脹至1.5至2倍大，摸起來柔軟有彈性則發酵完成。
★時間僅供參考，請依實際情況進行判斷。

9：烘烤　放入已預熱的烤箱進行烘烤

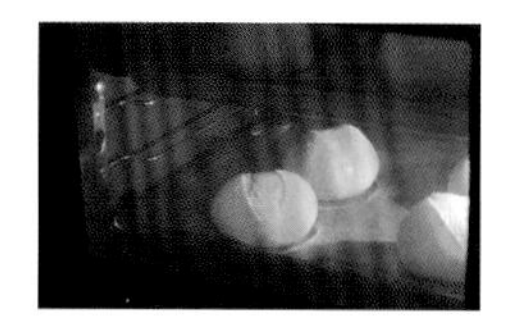

①
將高筋麵粉（分量外）以小篩網過篩，薄撒於麵團上。

②
劃上刻痕（以刀子或剃刀）。

③
於刻痕上塗上少許菜子油（分量外）。

④
將噴霧器噴口朝上，使麵團表面均勻噴上水霧。

⑤
放入已預熱至200℃的烤箱烘烤約13分鐘。當烤色不如預期時，並非延長烘烤時間而是提高溫度。烘烤完成後，請穿戴兩層麻布手套後取出麵包。
★如果使用電烤箱，請將溫度提高10至30℃，烤盤也一起預熱。

超級便利的切麵刀！

切麵刀是製作麵包時不可或缺的工具。不只是用於分割麵團，在作業中需經常使用。學會熟練地使用切麵刀，會使流程更快速且順暢。

A 要去除沾黏在刮刀或手中的麵糊時，使用切麵刀的曲線端即可刮除乾淨。

B 使用切面刀的曲線端可方便將麵團由鋼盆中取出。

C 作業過程中，養成隨手以切面刀的直線端刮除工作檯上沾附的麵團，將能大幅提升作業效率。

如何使麵團成型　請熟記此單元的成型法。

圓形・無內餡

★除了洛斯迪克之外，其餘品項皆為休眠時間後進行此程序。

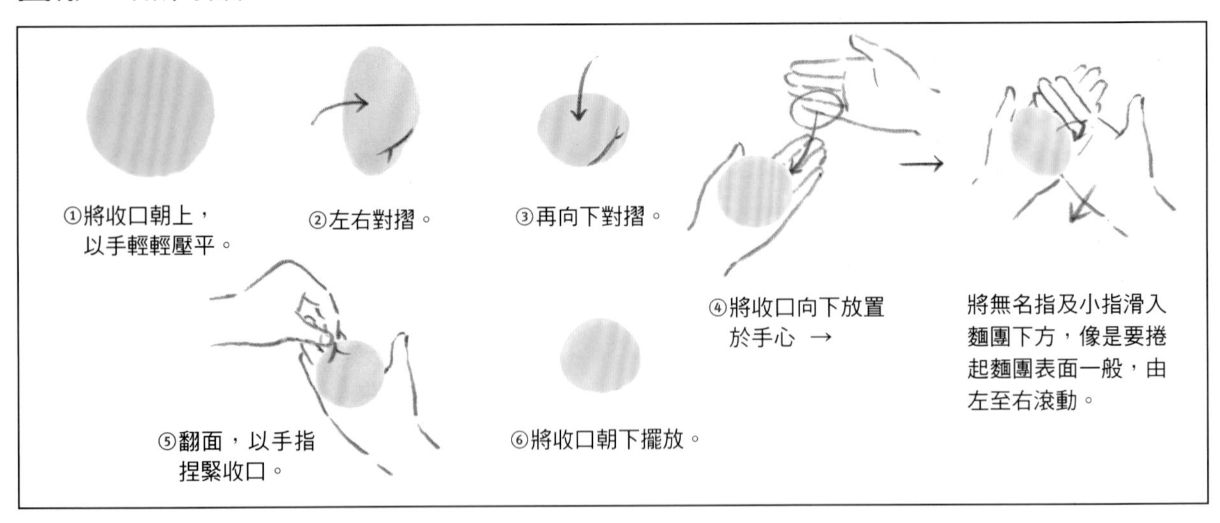

圓形・包有內餡

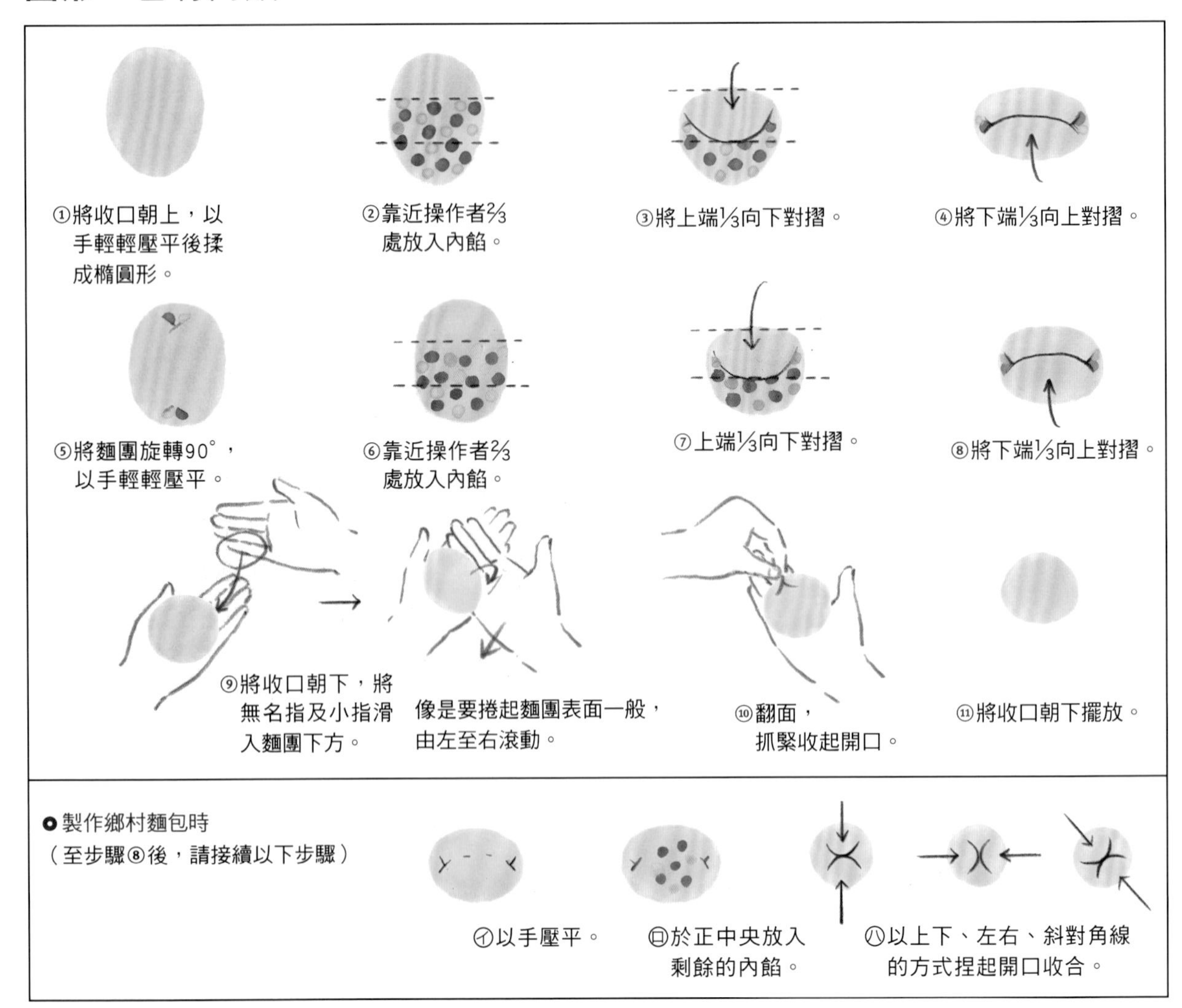

製作鄉村麵包時
（至步驟⑧後，請接續以下步驟）

㋑以手壓平。

㋺於正中央放入剩餘的內餡。

㋩以上下、左右、斜對角線的方式捏起開口收合。

袋形・無內餡

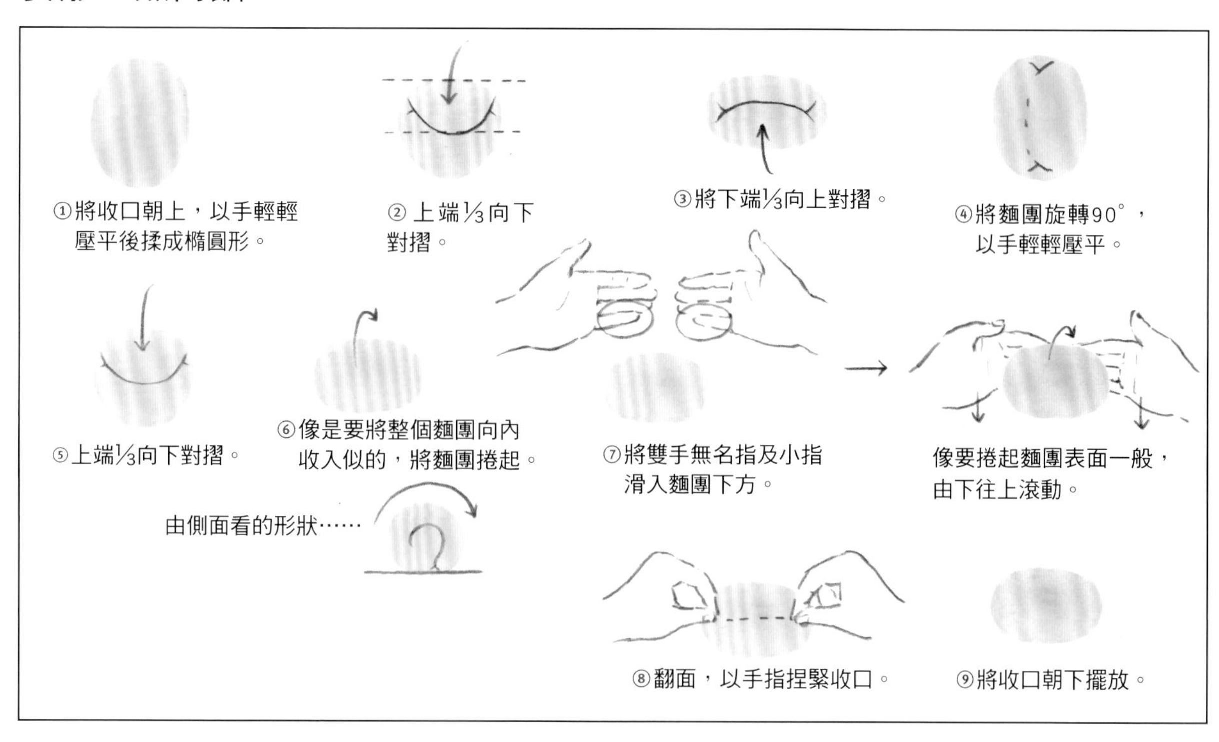

袋形・包有內餡

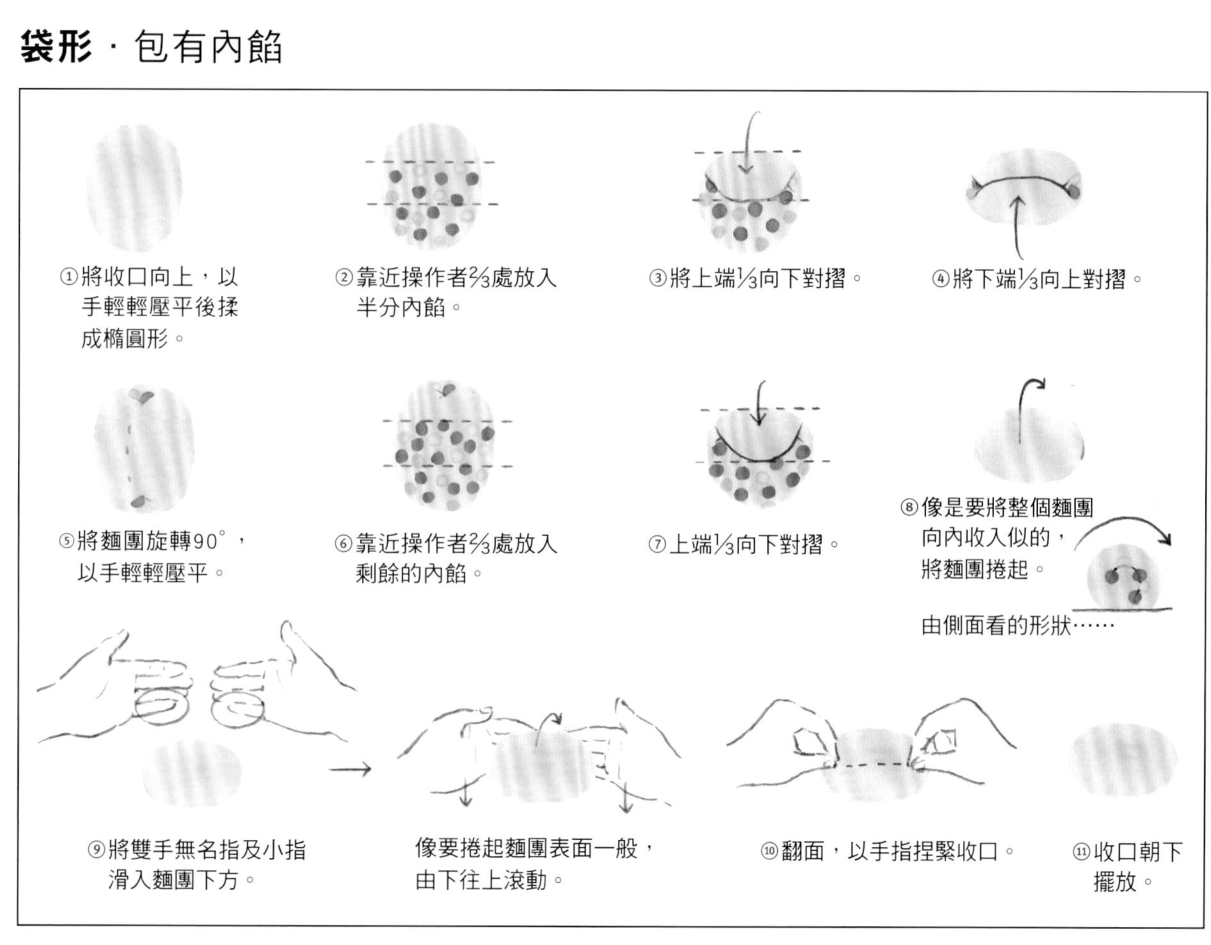

橄欖形・無內餡

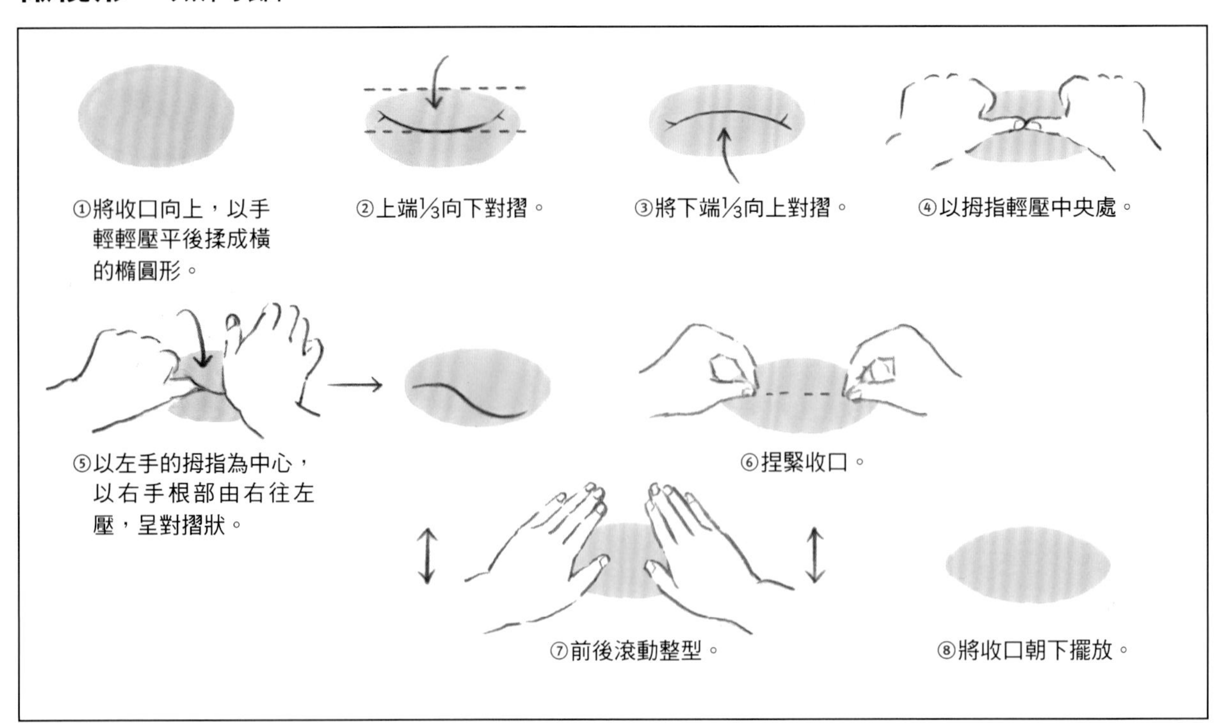

橄欖形・包有內餡

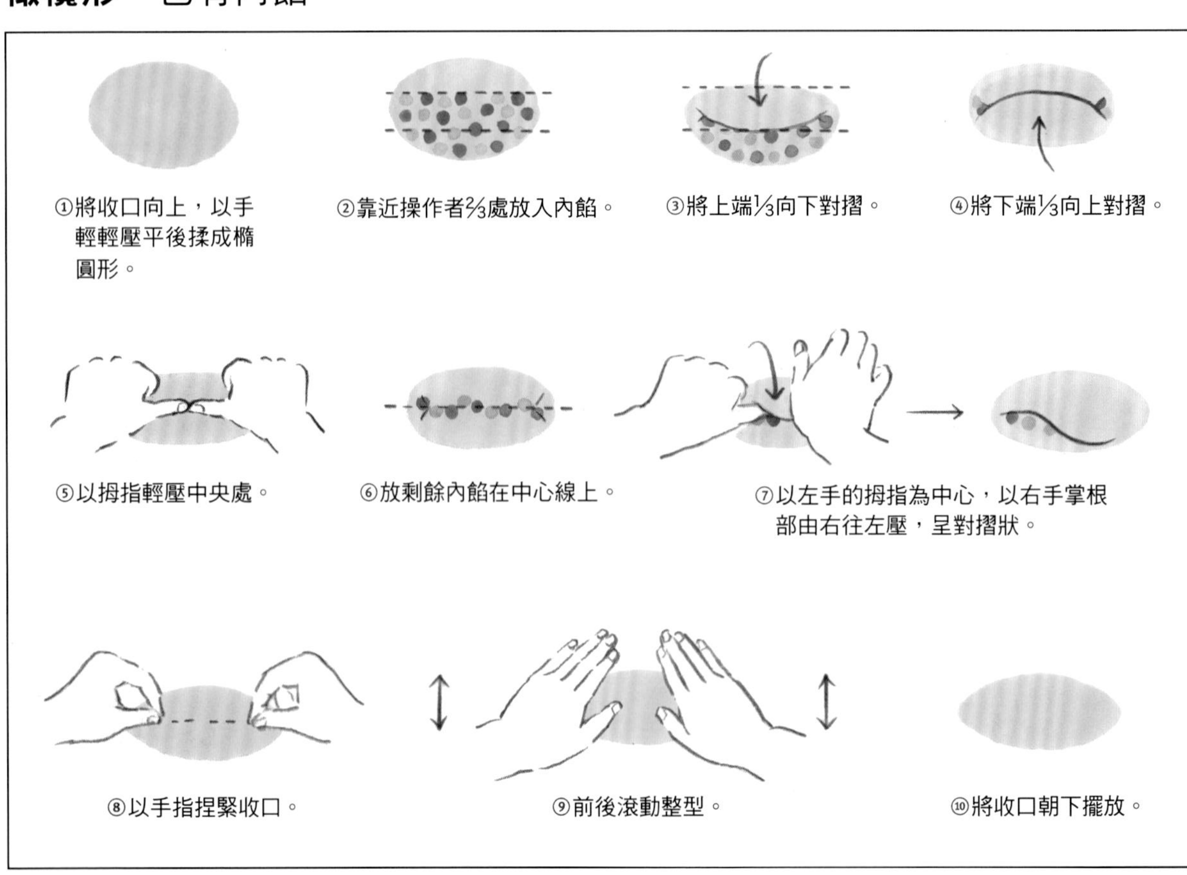

洛斯迪克・無內餡

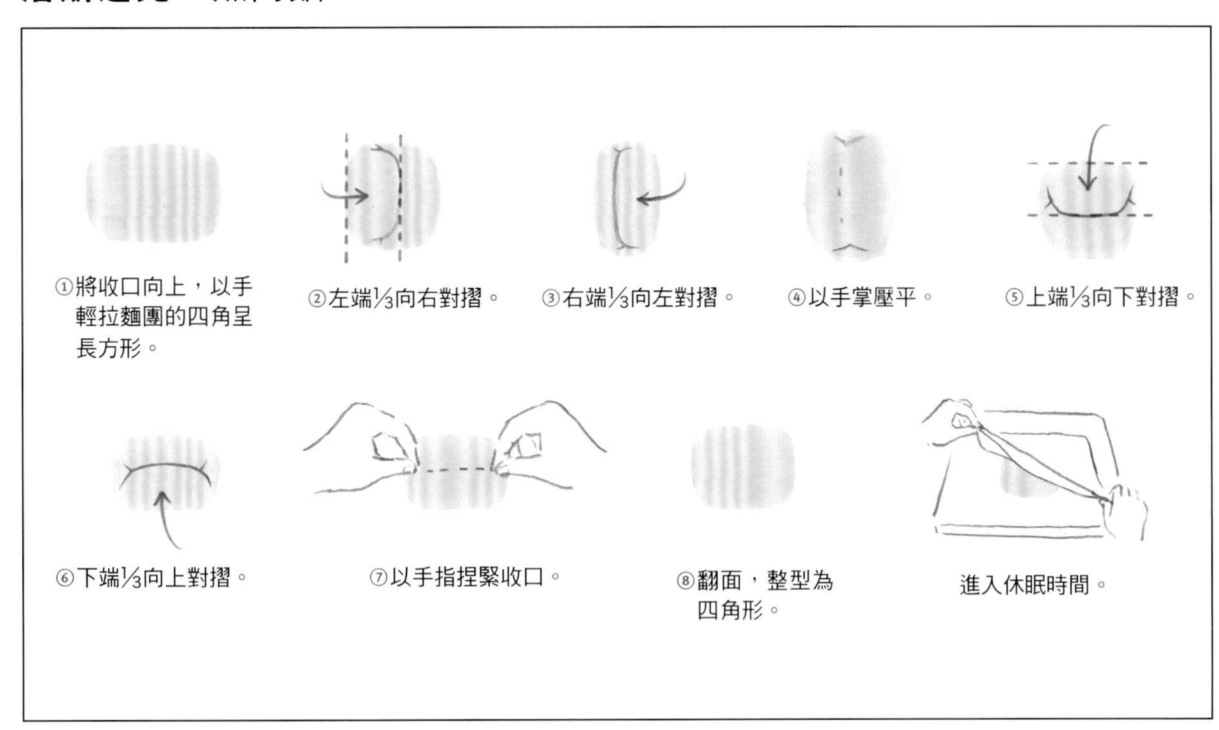

洛斯迪克・包有內餡

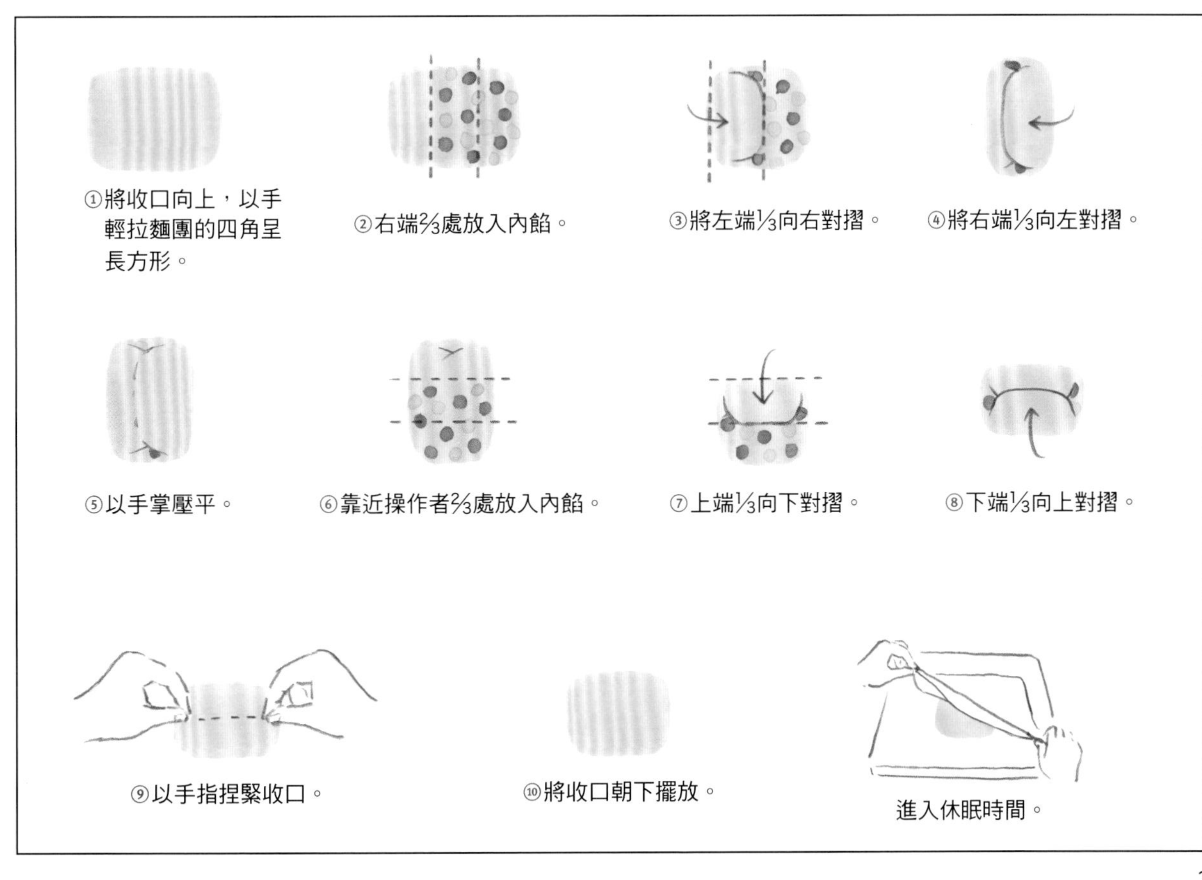

微酸微甜的蔓越莓與微苦柚子皮組合，
正是喚起少女情懷的青澀滋味。
粉紅色＆黃色，
連視覺也十分惹人憐愛。
浸泡威士忌後的蔓越莓，略帶了點兒成熟的氣味⋯⋯

柚子皮＆蔓越莓麵包

菜子油麵團

材料（3個份）		
A	高筋麵粉	150g
	中筋麵粉	120g
	高筋全麥麵粉	30g
	精緻砂糖	15g
	鹽	5g
水 ★水的溫度為54℃—室溫＝水溫		185g
速發酵母		1g（¼小匙）
菜子油		10g
蔓越莓		60g
威士忌		5g
柚子皮		20g

準備工作

- 乾蔓越莓以威士忌酒浸泡一小時以上後，瀝乾備用。

1：混合 ★將麵團揉成一圓形，至無粉狀的程度。	將A粉料倒入鋼盆中充分攪拌混勻後，在中央製作一凹槽，加水後再加入酵母。先以刮板將粉料及水大致混合後，再於鋼盆中以手揉麵至成團後於鋼盆上覆蓋濕布，靜置15分鐘。
2：揉麵 ★揉麵的時間約為3分鐘。力道雖因個人而有差異，但不要太過用力。	將麵團放至工作檯上，揉至表面光滑、柔軟。
3：揉入油脂	在工作檯上將麵團切成八等份，放回鋼盆中。倒入菜子油，以手揉合。再將麵團放至工作檯上，充分揉入菜子油，並將麵團整圓。
4：一次發酵	在容器上抹上薄薄一層油菜子油（分量外），將揉好的麵團較平整的一面朝上放入。覆蓋濕布後放置約3小時（酵母1g、室溫25℃的情況），使之發酵至2至2.5倍大小。
5：混料・分割	將麵團大致分為八塊，放入鋼盆中，再加入蔓越莓及柚子皮，以揉入油脂相同手法充分混合（圖a・b）。在薄撒手粉的工作檯上將麵團分成三等份，揉圓，不封口。 a　b
6：休眠時間	在分割後的麵團覆蓋上濕布，放置約20分鐘。
7：成型 成型②　成型⑤　成型⑥	請參閱P.20**橄欖形・無內餡的方法**成型。
8：二次發酵 ★時間僅供參考，請依實際情況判斷。	將麵團排列於鋪上烘焙紙的烤盤中，蓋上濕布放置約60分鐘（酵母1g、室溫25℃的情況）。約膨脹為1.5至2倍的大小即為發酵完成。
9：烘烤 ★如果使用電烤箱，請將溫度提高10℃至30℃，烤盤也一起預熱。	將高筋麵粉（分量外）以小篩網過篩撒於麵團上，劃上三道斜刻痕。刻痕處淋入少量菜子油（分量外）。將噴霧器噴口朝上，使麵團表面均勻噴上水霧氣。放入已預熱至200℃的烤箱中烘烤約18分鐘。

將扁扁＆小小的麥片放入平底鍋炒香，
鋪放在麵包表層，烘烤後香脆可口。
看起來粒粒分明，煞是可愛，
是一款有健康概念的營養麵包。
製作過程中請溫柔地將一顆顆麥片輕輕壓於麵團中，
千萬不要太過用力。

麥片麵包

● 菜子油麵團

材料（6個份）		
A	高筋麵粉	150g
	中筋麵粉	120g
	高筋全麥麵粉	30g
	精緻砂糖	15g
	鹽	5g
水 ★水的溫度為54℃－室溫＝水溫		185g
速發酵母		1g（¼小匙）
菜子油		10g
以平底鍋炒過的麥片		90g

1：混合 ★將麵團揉成一圓形，至無粉狀的程度。	將A粉料倒入鋼盆中充分攪拌混勻後，在中央製作一凹槽，加水後再加入酵母。先以刮板將粉料及水大致混合後，再於鋼盆中以手揉麵至成團後於鋼盆上覆蓋濕布，靜置15分鐘。
2：揉麵 ★揉麵的時間約為3分鐘。力道雖因個人而有差異，但不要太過用力。	將麵團放至工作檯上，揉至表面光滑、柔軟。
3：揉入油脂	在工作檯上將麵團切成八等份，放回鋼盆中。倒入菜子油，以手揉合。再將麵團放至工作檯上，充分揉入菜子油，並將麵團整圓。
4：一次發酵	在容器上抹上薄薄一層菜子油（分量外），將揉好的麵團較平整的一面朝上放入。覆蓋濕布後放置約3小時（酵母1g、室溫25℃的情況），使之發酵至2至2.5倍大小。
5：成型	請依P.21**洛斯迪克・無內餡的步驟①至④、⑦、⑧成型**。成型後薄塗一層水分於麵團上，將賣片輕輕壓在麵團上（a）。 成型②　成型③　a
6：休眠時間	請參閱P.20**橄欖形・無內餡的方法**成型。
7：分割	以切麵刀將麵團縱切成六等份（b）。 b
8：二次發酵 ★時間僅供參考，請依實際情況判斷。	將麵團排列於鋪上烘焙紙的烤盤中，蓋上濕布放置約50分鐘（酵母1g、室溫25℃的情況）。約膨脹為1.5至2倍的大小即為發酵完成。
9：烘烤 ★如果使用電烤箱，請將溫度提高10℃至30℃，烤盤也一起預熱。	將噴霧器噴口朝上，使麵團表面均勻噴上水霧氣。放入已預熱至210℃的烤箱中烘烤約15分鐘。

外表相似於艾草麻糬餅（奈良名物）。
香味濃厚富有彈性，
搭配鬆鬆軟軟的白鳳豆，好吃得令人雀躍！
製作時，碰過糖煮白鳳豆的手，
別忘記要擦乾淨後再開始揉麵喔！

艾草＆白鳳豆麵包

● 菜子油麵團

材料（6個份）		
A	高筋麵粉	150g
	中筋麵粉	120g
	高筋全麥麵粉	30g
	精緻砂糖	15g
	鹽	5g
水 ★水的溫度為54℃－室溫＝水溫		185g
速發酵母		1g（¼小匙）
菜子油		10g
艾草粉		10g
水		20g
糖煮白鳳豆		36顆

準備工作

● 將白鳳豆以廚房紙巾擦乾後切半。

● 艾草粉10g與水20g，調成糊狀。

1：混合 ★將麵團揉成一圓形，至無粉狀的程度。	將A粉料倒入鋼盆中充分攪拌混勻後，在中央製作一凹槽，加水後再加入酵母。先以刮板將粉料及水大致混合後，再於鋼盆中以手揉麵至成團後於鋼盆上覆蓋濕布，靜置15分鐘。
2：揉麵 ★揉麵的時間約為3分鐘。力道雖因個人而有差異，但不要太過用力。	將麵團放至工作檯上，揉至表面光滑、柔軟。
3：揉入油脂	在工作檯上將麵團切成八等份，放回鋼盆中。倒入菜子油及艾草糊，以手揉合。再將麵團放至工作檯上，充分揉入菜子油，並將麵團整圓。
4：一次發酵	在容器上抹上薄薄一層的菜子油（分量外），將揉好的麵團較平整的一面朝上放入。覆蓋濕布後放置約3小時（酵母1g、室溫25℃的情況），使之發酵至2至2.5倍大小。
5：分割	在薄撒手粉的工作檯上將麵團分成六等份，揉圓，不封口。
6：休眠時間	在分割後的麵團覆蓋上濕布，放置約20分鐘。
7：成型	請參閱P.19**袋形・包有內餡的方法**。一個麵團中加入6顆切塊白鳳豆，分兩次將內餡摺入。 成型⑥　成型⑦　成型⑧
8：二次發酵 ★時間僅供參考，請依實際情況判斷。	將麵團排列於鋪上烘焙紙的烤盤中，蓋上濕布放置約50分鐘（酵母1g、室溫25℃的情況）。約膨脹為1.5至2倍的大小即為發酵完成。
9：烘烤 ★如果使用電烤箱，請將溫度提高10℃至30℃，烤盤也一起預熱。	將高筋麵粉（分量外）以小篩網過篩撒於麵團上，劃上三道斜刻痕（a）。刻痕處淋入少量菜子油（分量外）。將噴霧器噴口朝上，使麵團表面均勻噴上水霧氣。放入已預熱至200℃的烤箱中烘烤約16分鐘。 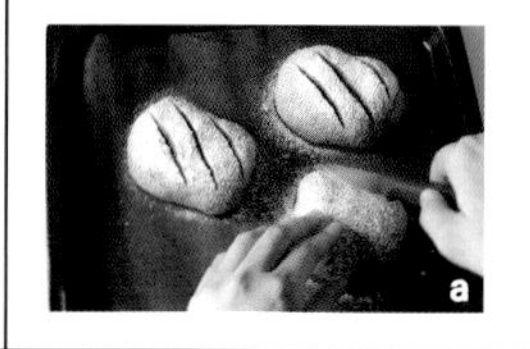 a

紫蘇香鬆及紅豆的口味非常搭，
加上櫻花裝飾，彷彿和菓子的精緻。
製作過程中，
請細心操作，不要讓紅豆內餡漏出來喔！

紫蘇香鬆＆紅豆麵包

菜子油麵團

材料（10個份）		
A	高筋麵粉	150g
	中筋麵粉	120g
	高筋全麥麵粉	30g
	精緻砂糖	15g
	鹽	5g
	紫蘇香鬆	6g
水 ★水的溫度為54℃－室溫＝水溫		185g
速發酵母		1g（¼小匙）
菜子油		10g
豆沙餡		250g
鹽漬櫻花		10個

準備工作
- 將豆沙餡揉成每個25g圓形。
- 將鹽漬櫻花洗淨鹽分後瀝乾備用。

1：混合 ★將麵團揉成一圓形，至無粉狀的程度。	將A粉料倒入鋼盆中充分攪拌混勻後，在中央製作一凹槽，加水後再加入酵母。先以刮板將粉料及水大致混合後，再於鋼盆中以手揉麵至成團後於鋼盆上覆蓋濕布，靜置15分鐘。
2：揉麵 ★揉麵的時間約為3分鐘。力道雖因個人而有差異，但不要太過用力。	將麵團放至工作檯上，揉至表面光滑、柔軟。
3：揉入油脂	在工作檯上將麵團切成八等份，放回鋼盆中。倒入菜子油，以手揉合。再將麵團放至工作檯上，充分揉入菜子油，並將麵團整圓。
4：一次發酵	在容器上抹上薄薄一層菜子油（分量外），將揉好的麵團較平整的一面朝上放入。覆蓋濕布後放置約3小時（酵母1g、室溫25℃的情況），使之發酵至2至2.5倍大小。
5：分割	在薄撒手粉的工作檯上將麵團分成十等份，揉圓，不封口。
6：休眠時間	在分割後的麵團覆蓋上濕布，放置約20分鐘。
7：成型 ★包入餡料：將餡料放於麵團上，以對角線方向向中心捏緊包覆餡料。（a、b、c）	請參閱P.18**圓形．無內餡中的①、包入內餡、④至⑥的步驟成型**。
8：二次發酵 ★時間僅供參考，請依實際情況判斷。	將麵團排列於鋪上烘焙紙的烤盤中，蓋上濕布放置約50分鐘（酵母1g、室溫25℃的情況）。約膨脹為1.5至2倍的大小即為發酵完成。
9：烘烤 ★如果使用電烤箱，請將溫度提高10℃至30℃，烤盤也一起預熱。	將鹽漬櫻花壓於麵團中央（d）。在麵團上覆蓋烘焙紙，再蓋上另一烤盤（e）。將噴霧器噴口朝上，使麵團表面均勻噴上水霧氣。放入已預熱至190℃的烤箱中烘烤約14分鐘。  d 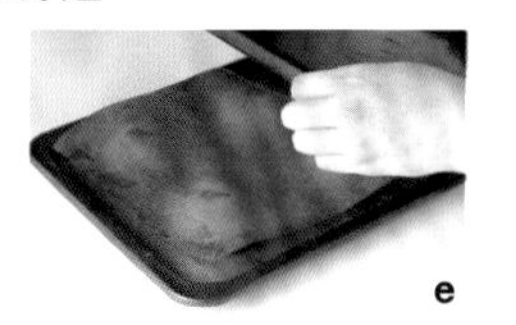 e

這一系列介紹的是無添加油脂，使用最少原料，
發揮純粹美味極大限的健康麵包。
因為不添加油，可充分品嘗出麵粉的甜味，
每一口都充滿了美味。
必須注意的是，因為不添加油脂，
烘烤時麵包底部容易裂開，
所以麵團的背面一定要確實封口。

無油麵團原味麵包

材料（8個份）		
A	高筋麵粉	150g
	中筋麵粉	120g
	高筋全麥麵粉	30g
	精緻砂糖	20g
	鹽	5g
水 ★水的溫度為54℃—室溫＝水溫		185g
速發酵母		1g（¼小匙）

1：混合 ★將麵團揉成一圓形，至無粉狀的程度。	將A粉料倒入鋼盆中充分攪拌混勻後，在中央製作一凹槽，加水後再加入酵母。先以刮板將粉料及水大致混合後，再於鋼盆中以手揉麵至成團後於鋼盆上覆蓋濕布，靜置15分鐘。
2：揉麵 ★揉麵的時間約為3分鐘。力道雖因個人而有差異，但不要太過用力。	將麵團放至工作檯上，揉至表面光滑、柔軟。
3：一次發酵	在容器上抹上薄薄一層菜子油（分量外），將揉好的麵團較平整的一面朝上放入。覆蓋濕布後放置約3小時（酵母1g、室溫25℃的情況），使之發酵至2至2.5倍大小。
4：分割	在薄撒手粉的工作檯上將麵團分成八等份，揉圓，不封口。
5：休眠時間	在分割後的麵團覆蓋上濕布，放置約20分鐘。
6：成型	請參閱P.18**圓形・無包餡的方法**成型。
7：二次發酵 ★時間僅供參考，請依實際情況判斷。	將麵團排列於鋪上烘焙紙的烤盤中，蓋上濕布放置約50分鐘（酵母1g、室溫25℃的情況）。約膨脹為1.5至2倍的大小即為發酵完成。 成型④
8：烘烤 ★如果使用電烤箱，請將溫度提高10℃至30℃，烤盤也一起預熱。	將高筋麵粉（分量外）以小篩網過篩撒於麵團上（a），劃上一道斜刻痕（b）。刻痕處淋入少量菜子油（分量外）。將噴霧器噴口朝上，使麵團表面均勻噴上水霧氣。放入已預熱至200℃的烤箱中烘烤約14分鐘。 a　b

紅豆＆椰子真是一對不可思議的組合！
以麵團包裹紅豆內餡後揉成圓形，
在手中沾取少許水分，
將麵團放在手中滾濕，
再沾上椰子粉，
在進烤箱前就已經具有十足可愛的身影，
烘焙後的成品，也可作為禮物送給好友！

椰子&紅豆麵包

無油麵團

材料（12個份）		
A	高筋麵粉	150g
	中筋麵粉	120g
	高筋全麥麵粉	30g
	精緻砂糖	20g
	鹽	5g
水 ★水的溫度為54℃－室溫＝水溫		185g
速發酵母		1g（¼小匙）
大納言甘納豆		120g
椰子粉		適量

1：混合 ★將麵團揉成一圓形，至無粉狀的程度。	將A粉料倒入鋼盆中充分攪拌混勻後，在中央製作一凹槽，加水後再加入酵母。先以刮板將粉料及水大致混合後，再於鋼盆中以手揉麵至成團後於鋼盆上覆蓋濕布，靜置15分鐘。
2：揉麵 ★揉麵的時間約為3分鐘。力道雖因個人而有差異，但不要太過用力。	將麵團放至工作檯上，揉至表面光滑、柔軟。
3：一次發酵	在容器上抹上薄薄一層菜子油（分量外），將揉好的麵團較平整的一面朝上放入。覆蓋濕布後放置約3小時（酵母1g、室溫25℃的情況），使之發酵至2至2.5倍大小。
4：分割	在薄撒手粉的工作檯上將麵團分成十二等份，揉圓，不封口。
5：休眠時間	在分割後的麵團覆蓋上濕布，放置約20分鐘。
6：成型	請參閱P.18**圓形・無內餡的①、包入內餡、④至⑥的步驟**成型。（參考P.29）。成型①之後，包入等份量的甘納豆，再將椰子粉放入鋼盆，手稍微沾水，將麵團表面沾濕後均勻地將椰子粉裹於外層（a）。 a
7：二次發酵 ★時間僅供參考，請依實際情況判斷。	將麵團排列於鋪上烘焙紙的烤盤中，蓋上濕布放置約50分鐘（酵母1g、室溫25℃的情況）。約膨脹為1.5至2倍的大小即為發酵完成。
8：烘烤 ★如果使用電烤箱，請將溫度提高10℃至30℃，烤盤也一起預熱。	以剪刀劃上刻痕（b）。刻痕處淋入少量菜子油（分量外）。將噴霧器噴口朝上，使麵團表面均勻噴上水霧氣。放入已預熱至200℃的烤箱中烘烤約12分鐘。 b

將芝麻拌炒得香味四溢，
祕訣是稍微以大火拌炒，
因為加了芝麻，
麵包會越嚼越香，風味更顯獨特！

櫻花蝦＆炒芝麻麵包

◎ 無油麵團

材料（8個份）		
A	高筋麵粉	150g
	中筋麵粉	120g
	高筋全麥麵粉	30g
	精緻砂糖	20g
	鹽	5g
水 ★水的溫度為54℃－室溫＝水溫		185g
速發酵母		1g（¼小匙）
櫻花蝦		16g
白芝麻		8g
乾燥巴西利		¼小匙

準備工作

◎先將櫻花蝦和白芝麻炒香，加入巴西利後混合。

1：混合 ★將麵團揉成一圓形，至無粉狀的程度。	將A粉料倒入鋼盆中充分攪拌混勻後，在中央製作一凹槽，加水後再加入酵母。先以刮板將粉料及水大致混合後，再於鋼盆中以手揉麵至成團後於鋼盆上覆蓋濕布，靜置15分鐘。
2：揉麵 ★揉麵的時間約為3分鐘。力道雖因個人而有差異，但不要太過用力。	將麵團放至工作檯上，揉至表面光滑、柔軟。
3：一次發酵	在容器上抹上薄薄一層菜子油（分量外），將揉好的麵團較平整的一面朝上放入。覆蓋濕布後放置約3小時（酵母1g、室溫25℃的情況），使之發酵至2至2.5倍大小。
4：分割	在薄撒手粉的工作檯上將麵團分成八等份，揉圓，不封口。
5：休眠時間	在分割後的麵團覆蓋上濕布，放置約20分鐘。
6：成型	請參閱P.19**袋形・包有內餡的方法**成型。 成型②　成型⑥
7：二次發酵 ★時間僅供參考，請依實際情況判斷。	將麵團排列於鋪上烘焙紙的烤盤中，蓋上濕布放置約50分鐘（酵母1g、室溫25℃的情況）。約膨脹為1.5至2倍的大小即為發酵完成。
8：烘烤 ★如果使用電烤箱，請將溫度提高10℃至30℃，烤盤也一起預熱。	將高筋麵粉（分量外）以小篩網過篩撒於麵團上，劃上×字刻痕（a）。刻痕處淋入少量菜子油（分量外）。將噴霧器噴口朝上，使麵團表面均勻噴上水霧氣。放入已預熱至210℃的烤箱中烘烤約13分鐘。 a

將葡萄乾以熱水溫和的洗潤，
再以濾網瀝乾水分，
口感變得令人驚訝的柔軟，
就大方地將大量的葡萄乾加入麵團中吧！

葡萄乾麵包

無油麵團

材料（4個份）		
A	高筋麵粉	150g
	中筋麵粉	120g
	高筋全麥麵粉	30g
	精緻砂糖	20g
	鹽	5g
水 ★水的溫度為54℃－室溫＝水溫		185g
速發酵母		1g（¼小匙）
葡萄乾		100g

準備工作
- 將葡萄乾以熱水洗潤，並充分擠去水分。

1：混合 ★將麵團揉成一圓形，至無粉狀的程度。	將A粉料倒入鋼盆中充分攪拌混勻後，在中央製作一凹槽，加水後再加入酵母。先以刮板將粉料及水大致混合後，再於鋼盆中以手揉麵至成團後於鋼盆上覆蓋濕布，靜置15分鐘。
2：揉麵 ★揉麵的時間約為3分鐘。力道雖因個人而有差異，但不要太過用力。	將麵團放至工作檯上，揉至表面光滑、柔軟。
3：一次發酵	在容器上抹上薄薄一層菜子油（分量外），將揉好的麵團較平整的一面朝上放入。覆蓋濕布後放置約3小時（酵母1g、室溫25℃的情況），使之發酵至2至2.5倍大小。
4：混合・分割	將麵團大致分為八塊放入鋼盆中，再加入葡萄乾。在薄撒手粉的工作檯上將麵團分成四等份（a），揉圓（b），不封口。 a b
5：休眠時間	在分割後的麵團覆蓋上濕布，放置約20分鐘。
6：成型	請參閱P.18**圓形・無內餡的方法**成型。請注意麵團表面不要有葡萄乾凸出來，將葡萄乾包入於麵團中並揉圓。
7：二次發酵 ★時間僅供參考，請依實際情況判斷。	將麵團排列於鋪上烘焙紙的烤盤中，蓋上濕布放置約50分鐘（酵母1g、室溫25℃的情況）。約膨脹為1.5至2倍的大小即為發酵完成。
8：烘烤 ★如果使用電烤箱，請將溫度提高10℃至30℃，烤盤也一起預熱。	將高筋麵粉（分量外）以小篩網過篩撒於麵團上，劃上十字刻痕（c）。刻痕處淋入少量菜子油（分量外）（d）。將噴霧器噴口朝上，使麵團表面均勻噴上水霧氣。放入已預熱至200℃的烤箱中烘烤約16分鐘。 c d

焙茶麵包

● 無油麵團

材料（2個份）		
A	高筋麵粉	150g
	中筋麵粉	120g
	高筋全麥麵粉	30g
	精緻砂糖	20g
	鹽	5g
焙茶茶葉		10g
熱水		240g
速發酵母		1g（¼小匙）

準備工作

●將茶葉和熱水放入鋼盆中，蓋上蓋子燜20分鐘。以濾茶網濾去茶葉，一邊測量重量，一邊調整水溫（54℃－室溫＝水溫）。未達185g時，以熱水或開水調整重量。

1：混合 ★將麵團揉成一圓形，至無粉狀的程度。	在鋼盆內加入A，充分混合後加入焙茶及酵母。一開始先使用刮刀混合，待粉及焙茶大致混合後，再於鋼盆中以手揉麵。揉為一團後在鋼盆上蓋上濕布，等待15分鐘。
2：揉麵 ★揉麵的時間約為3分鐘。力道雖因個人而有差異，但不要太過用力。	將麵團放至工作檯上，揉至表面光滑、柔軟。
3：一次發酵	在容器上抹上薄薄一層菜子油（分量外），將揉好的麵團較平整的一面朝上放入。覆蓋濕布後放置約3小時（酵母1g、室溫25℃的情況），使之發酵至2至2.5倍大小。
4：分割	在薄撒手粉的工作檯上將麵團分成二等份，揉圓，不封口。
5：休眠時間	在分割後的麵團覆蓋上濕布，放置約20分鐘。
6：成型	依P.19**袋形・無包餡的方法**成型。
7：二次發酵 ★時間僅供參考，請依實際情況判斷。	將麵團排列於鋪上烘焙紙的烤盤中，蓋上濕布放置約60分鐘（酵母1g、室溫25℃的情況）。約膨脹為1.5至2倍的大小即為發酵完成。
8：烘烤 ★如果使用電烤箱，請將溫度提高10℃至30℃，烤盤也一起預熱。	將高筋麵粉（分量外）以小篩網過篩撒於麵團上（a），劃上一道刻痕（b）。刻痕處淋入少量菜子油（分量外）。將噴霧器噴口朝上，使麵團表面均勻噴上水霧氣。放入已預熱至210℃的烤箱中烘烤約17分鐘。 a　b

濃郁香氣的焙茶，味微甘苦。
將茶葉細細地與粉料混合，
揉捏麵團時，幽幽的茶香味，
讓人有微微的幸福感。
出爐後，茶色光澤，彈性柔軟的口感令人期待！

這一次要把在炒菜或料理炸物，
以及在料理完成後增加風味的胡麻油，
應用在麵包製作上。
再加上磨香的芝麻，香味更顯濃厚。
建議最好選用新鮮的胡麻油喔！

胡麻油原味麵包

材料（8個份）		
A	高筋麵粉	180g
	中筋麵粉	120g
	精緻砂糖	10g
	鹽	6g
	白芝麻（磨粉）	10g
水 ★水的溫度為54℃－室溫＝水溫		185g
速發酵母		1g（¼小匙）
胡麻油		10g

1：混合 ★將麵團揉成一圓形，至無粉狀的程度。	將A粉料倒入鋼盆中充分攪拌混勻後，在中央製作一凹槽，加水後再加入酵母。先以刮板將粉料及水大致混合後，再於鋼盆中以手揉麵至成團後於鋼盆上覆蓋濕布，靜置15分鐘。
2：揉麵 ★揉麵的時間約為3分鐘。力道雖因個人而有差異，但不要太過用力。	將麵團放至工作檯上，揉至表面光滑、柔軟。
3：揉入油脂	在工作檯上將麵團切成八等份，放回鋼盆中。倒入胡麻油，以手揉合。再將麵團放至工作檯上，充分揉入胡麻油，並將麵團整圓。
4：一次發酵	在容器上抹上薄薄一層胡麻油（分量外），將揉好的麵團較平整的一面朝上放入。覆蓋濕布後放置約3小時（酵母1g、室溫25℃的情況），使之發酵至2至2.5倍大小。
5：分割	在薄撒手粉的工作檯上將麵團分成八等份，揉圓，不封口。
6：休眠時間	在分割後的麵團覆蓋上濕布，放置約20分鐘。
7：成型	請參閱P.18**圓形・無內餡的方法**成型。

成型① 成型② 成型③

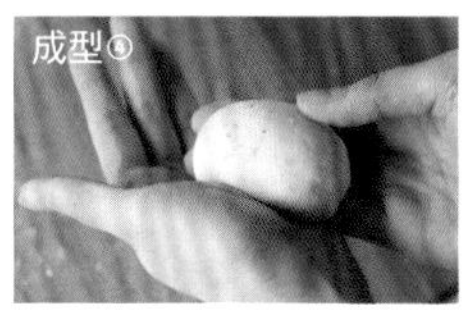

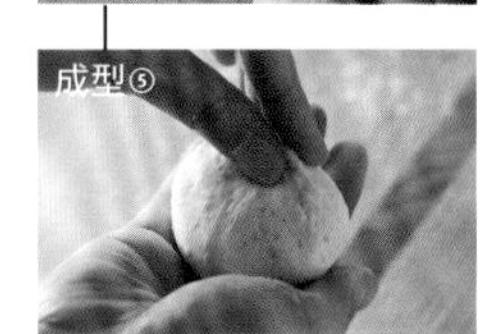

8：二次發酵 ★時間僅供參考，請依實際情況判斷。	將麵團排列於鋪上烘焙紙的烤盤中，蓋上濕布放置約50分鐘（酵母1g、室溫25℃的情況）。約膨脹為1.5至2倍的大小即為發酵完成。
9：烘烤 ★如果使用電烤箱，請將溫度提高10℃至30℃，烤盤也一起預熱。	在麵團上劃上三道斜刻痕。刻痕處淋入少量胡麻油（分量外）。將噴霧器噴口朝上，使麵團表面均勻噴上水霧氣。放入已預熱至200℃的烤箱中烘烤約14分鐘。

讓健康滿點的這款麵包，
外層撒上了滿滿的白芝麻及黑芝麻，
大人小孩都喜歡，保證天天吃也不膩！

黑＆白芝麻麵包

材料（10個份）		
A	高筋麵粉	180g
	中筋麵粉	120g
	精緻砂糖	10g
	鹽	6g
	白芝麻（磨粉）	10g
水 ★水的溫度為54℃－室溫＝水溫		185g
速發酵母		1g（¼小匙）
胡麻油		10g
白芝麻．黑芝麻		各17g

1：混合 ★將麵團揉成一圓形，至無粉狀的程度。	將A粉料倒入鋼盆中充分攪拌混勻後，在中央製作一凹槽，加水後再加入酵母。先以刮板將粉料及水大致混合後，再於鋼盆中以手揉麵至成團後於鋼盆上覆蓋濕布，靜置15分鐘。
2：揉麵 ★揉麵的時間約為3分鐘。力道雖因個人而有差異，但不要太過用力。	將麵團放至工作檯上，揉至表面光滑、柔軟。
3：揉入油脂	在工作檯上將麵團切成八等份，放回鋼盆中。倒入胡麻油，以手揉合。再將麵團放至工作檯上，充分揉入胡麻油，並將麵團整圓。
4：一次發酵	在容器上抹上薄薄一層胡麻油（分量外），將揉好的麵團較平整的一面朝上放入。覆蓋濕布後放置約3小時（酵母1g、室溫25℃的情況），使之發酵至2至2.5倍大小。
5：分割	在薄撒手粉的工作檯上將麵團分成十等份，揉圓，不封口。
6：休眠時間	在分割後的麵團覆蓋上濕布，放置約20分鐘。
7：成型	請參閱P.18**圓形．無內餡的方法**成型。在鋼盆中放入白芝麻、黑芝麻並混合。在麵團表面以刷子塗上水（a），放入有芝麻的鋼盆中沾黏芝麻（b）。 a b
8：二次發酵 ★時間僅供參考，請依實際情況判斷。	將麵團排列於鋪上烘焙紙的烤盤中，蓋上濕布放置約50分鐘（酵母1g、室溫25℃的情況）。約膨脹為1.5至2倍的大小即為發酵完成。
9：烘烤 ★如果使用電烤箱，請將溫度提高10℃至30℃，烤盤也一起預熱。	以剪刀於麵團表面劃上刻痕。刻痕處淋入少量胡麻油（分量外）。將噴霧器噴口朝上，使麵團表面均勻噴上水霧氣。放入已預熱至200℃的烤箱中烘烤約14分鐘。

將麵包對切後，
就看得到實的紅色＆黃色的豆子，
鬆軟的豆子與胡麻油的組合超match，
是一款風味悠長的美味麵包。

鷹嘴豆＆大紅豆麵包

胡麻油麵團

材料（6個份）		
A	高筋麵粉	180g
	中筋麵粉	120g
	精緻砂糖	10g
	鹽	6g
	白芝麻（磨粉）	10g
水 ★水的溫度為54℃—室溫＝水溫		185g
速發酵母		1g（¼小匙）
胡麻油		10g
水煮鷹嘴豆		60g
水煮大紅豆		60g

準備工作
- 將水煮後的豆子瀝乾。

1：混合 ★將麵團揉成一圓形，至無粉狀的程度。	將A粉料倒入鋼盆中充分攪拌混勻後，在中央製作一凹槽，加水後再加入酵母。先以刮板將粉料及水大致混合後，再於鋼盆中以手揉麵至成團後於鋼盆上覆蓋濕布，靜置15分鐘。
2：揉麵 ★揉麵的時間約為3分鐘。力道雖因個人而有差異，但不要太過用力。	將麵團放至工作檯上，揉至表面光滑、柔軟。
3：揉入油脂	在工作檯上將麵團切成八等份，放回鋼盆中。倒入胡麻油，以手揉合。再將麵團放至工作檯上，充分揉入胡麻油，並將麵團整圓。
4：一次發酵	在容器上抹上薄薄一層胡麻油（分量外），將揉好的麵團較平整的一面朝上放入。覆蓋濕布後放置約3小時（酵母1g、室溫25℃的情況），使之發酵至2至2.5倍大小。
5：分割	在薄撒手粉的工作檯上將麵團分成六等份，揉圓，不封口。
6：休眠時間	在分割後的麵團覆蓋上濕布，放置約20分鐘。
7：成型 成型②　成型③　成型④	請參閱P.19**橄欖形．包內餡的方法**成型。
8：二次發酵 ★時間僅供參考，請依實際情況判斷。	將麵團排列於鋪上烘焙紙的烤盤中，蓋上濕布放置約50分鐘（酵母1g、室溫25℃的情況）。約膨脹為1.5至2倍的大小即為發酵完成。
9：烘烤 ★如果使用電烤箱，請將溫度提高10℃至30℃，烤盤也一起預熱。	在麵團上劃上一道刻痕。刻痕處淋入少量胡麻油（分量外）。將噴霧器噴口朝上，使麵團表面均勻噴上水霧氣。放入已預熱至200℃的烤箱中烘烤約16分鐘。

裡頭包了好多好多大家都喜歡的核桃，
不管從哪一個角度咬下，都吃得到核桃。
好吃核桃的祕密在於——進烤箱烘烤。
好好品味廣受喜愛的核桃香氣吧！

圓滾滾の核桃麵包

● 胡麻油麵團

材料（8個份）		
A	高筋麵粉	180g
	中筋麵粉	120g
	精緻砂糖	10g
	鹽	6g
	白芝麻（磨粉）	10g
水 ★水的溫度為54℃－室溫＝水溫		185g
速發酵母		1g（¼小匙）
胡麻油		10g
核桃		100g

準備工作

●將核桃以烤箱烘烤（130℃・10分鐘）後，置涼。

1：混合 ★將麵團揉成一圓形，至無粉狀的程度。	將A粉料倒入鋼盆中充分攪拌混匀後，在中央製作一凹槽，加水後再加入酵母。先以刮板將粉料及水大致混合後，再於鋼盆中以手揉麵至成團後於鋼盆上覆蓋濕布，靜置15分鐘。
2：揉麵 ★揉麵的時間約為3分鐘。力道雖因個人而有差異，但不要太過用力。	將麵團放至工作檯上，揉至表面光滑、柔軟。
3：揉入油脂	在工作檯上將麵團切成八等份，放回鋼盆中。倒入胡麻油，以手揉合。再將麵團放至工作檯上，充分揉入胡麻油，並將麵團整圓。
4：一次發酵	在容器上抹上薄薄一層胡麻油（分量外），將揉好的麵團較平整的一面朝上放入。覆蓋濕布後放置約3小時（酵母1g、室溫25℃的情況），使之發酵至2至2.5倍大小。
5：分割	在薄撒手粉的工作檯上將麵團大致分為八塊放入鋼盆中，再加入核桃混合均匀後，再將麵團分為八等份，揉圓，不封口。
6：休眠時間	在分割後的麵團覆蓋上濕布，放置約20分鐘。
7：成型	請參閱P.18**圓形・無內餡的方法**成型。
8：烘烤 ★時間僅供參考，請依實際情況判斷。	將麵團排列於鋪上烘焙紙的烤盤中，蓋上濕布放置約50分鐘（酵母1g、室溫25℃的情況）。約膨脹為1.5至2倍的大小即為發酵完成。
8：烘烤 ★如果使用電烤箱，請將溫度提高10℃至30℃，烤盤也一起預熱。	將高筋麵粉（分量外）以小篩網過篩撒於麵團上，以剪刀劃上刻痕（a）。刻痕處淋入少量胡麻油（分量外）。將噴霧器噴口朝上，使麵團表面均匀噴上水霧氣。放入已預熱至200℃的烤箱中烘烤約13分鐘。 a

將蒸過的南瓜及地瓜去皮，
切成小巧的四角形，
再包入胡麻油，
再塑成葉形就可以入烤箱烘烤囉！
愜意地享受南瓜＆地瓜鬆軟美味的口感吧！

南瓜＆地瓜的葉形麵包

● 胡麻油麵團

材料（2個份）		
A	高筋麵粉	180g
	中筋麵粉	120g
	精緻砂糖	10g
	鹽	6g
	白芝麻（磨粉）	10g
水 ★水的溫度為54℃－室溫＝水溫		185g
速發酵母		1g（¼小匙）
胡麻油		10g
蒸熟南瓜去皮		45g
蒸熟的地瓜去皮		45g

準備工作

●將蒸熟的南瓜及地瓜去皮後切成寬1.5cm方形。

1：混合 ★將麵團揉成一圓形，至無粉狀的程度。	將A粉料倒入鋼盆中充分攪拌混勻後，在中央製作一凹槽，加水後再加入酵母。先以刮板將粉料及水大致混合後，再於鋼盆中以手揉麵至成團後於鋼盆上覆蓋濕布，靜置15分鐘。
2：揉麵 ★揉麵的時間約為3分鐘。力道雖因個人而有差異，但不要太過用力。	將麵團放至工作檯上，揉至表面光滑、柔軟。
3：揉入油脂	在工作檯上將麵團切成八等份，放回鋼盆中。倒入胡麻油，以手揉合。再將麵團放至工作檯上，充分揉入胡麻油，並將麵團整圓。
4：一次發酵	在容器上抹上薄薄一層胡麻油（分量外），將揉好的麵團較平整漂亮的一面朝上放入。蓋上濕布放置約3小時（酵母1g、室溫25℃的情況），使之發酵至2至2.5倍大小。
5：分割	在撒了手粉的工作檯上將麵團分成二等份，揉圓，不封口。
6：休眠時間	在分割後的麵團覆蓋上濕布，放置約20分鐘。
7：成型	請參閱P.20**橄欖形・包有內餡的方法**成型。在成型②包入南瓜及地瓜30g、成型⑥則包入15g。 成型②　成型⑥
8：烘烤 ★時間僅供參考，請依實際情況判斷。	將麵團排列於鋪上烘焙紙的烤盤中，蓋上濕布放置約60分鐘（酵母1g、室溫25℃的情況）。約膨脹為1.5至2倍的大小即為發酵完成。
8：烘烤 ★如果使用電烤箱，請將溫度提高10℃至30℃，烤盤也一起預熱。	將高筋麵粉（分量外）以小篩網過篩撒於麵團上，劃上葉子形狀的刻痕（a）。刻痕處淋入少量胡麻油（分量外）。將噴霧器噴口朝上，使麵團表面均勻噴上水霧氣。放入已預熱至200℃的烤箱中烘烤約18分鐘。 a

這一款是義大利扁平麵包。
麵團表面塗上橄欖油後，
以手延展＆以手指戳孔，
烘焙後隨性撒上喜愛的食鹽，
是一款和任何料理都能搭配的基本款麵包。

原味佛卡夏

材料（6個份）		
A	中筋麵粉	300g
	鹽	6g
水 ★水的溫度為50℃—室溫＝水溫		185g
速發酵母		1g（¼小匙）
橄欖油		15g

1：混合 ★將麵團揉成一圓形，至無粉狀的程度。	將A粉料倒入鋼盆中充分攪拌混勻後，在中央製作一凹槽，加入水及酵母、橄欖油。先以刮板將粉料及水大致混合後，再於鋼盆中以手揉麵至成團後於鋼盆上覆蓋濕布，靜置15分鐘。
2：揉麵 ★揉麵的時間約為3分鐘。力道雖因個人而有差異，但不要太過用力。	將麵團放至工作檯上，揉至表面光滑、柔軟。
3：一次發酵	在容器上抹上薄薄一層橄欖油（分量外），將揉好的麵團較平整的一面朝上放入。覆蓋濕布後放置約3小時（酵母1g、室溫25℃的情況），使之發酵至2至2.5倍大小。
4：分割	在薄撒手粉的工作檯上將麵團分成六等份，揉圓，不封口。
5：休眠時間	在分割後的麵團覆蓋上濕布，放置約20分鐘。
6：成型	將麵團以擀麵棍擀至約直徑9cm的大小（a）。 a
7：二次發酵 ★時間僅供參考，請依實際情況判斷。	將麵團排列於鋪上烘焙紙的烤盤中，蓋上濕布放置約50分鐘（酵母1g、室溫25℃的情況）。約膨脹為1.5至2倍的大小即為發酵完成。
8：烘烤 ★於麵團戳洞時，穩穩地將向下戳洞，如手指要碰到烤盤一般。 ★如果使用電烤箱，請將溫度提高10℃至30℃，烤盤也一起預熱。	在麵團表面淋上足夠的橄欖油（分量外）（b），並以手均勻延展（c）。以手指在表面戳七個洞（以2・3・2的間隔）（d）。撒上適量的鹽（分量外）（e）。放入已預熱至200℃的烤箱中烘烤約15分鐘。 b c d e

將充滿海潮氣味的海苔，
加入麵團之中，
再以少量的凱莉茴香提味。
烤成大大的麵包，
與原味佛卡夏相比，雖然是相同的麵團，
口感卻不大相同。
製作祕訣是──不要猶豫、地穩穩地將麵團戳洞吧！

海苔佛卡夏

材料（1個份）		
A	中筋麵粉	300g
	鹽	6g
	海苔	3g
	凱莉茴香（粉狀）	¼小匙
水 ★水的溫度為50℃－室溫＝水溫		185g
速發酵母		1g（¼小匙）
橄欖油		15g

1：混合 ★將麵團揉成一圓形，至無粉狀的程度。	將A粉料倒入鋼盆中充分攪拌混勻後，在中央製作一凹槽，加入水及酵母、橄欖油。先以刮板將粉料及水大致混合後，再於鋼盆中以手揉麵至成團後於鋼盆上覆蓋濕布，靜置15分鐘。
2：揉麵 ★揉麵的時間約為3分鐘。力道雖因個人而有差異，但不要太過用力。	將麵團放至工作檯上，揉至表面光滑、柔軟。
3：一次發酵	在容器上抹上薄薄一層橄欖油（分量外），將揉好的麵團較平整的一面朝上放入。覆蓋濕布後放置約3小時（酵母1g、室溫25℃的情況），使之發酵至2至2.5倍大小。
4：整圓	在撒了手粉的工作檯上，將麵團依請參閱P.18**圓形・無內餡的步驟①至④**成型、揉圓，封口。
5：休眠時間	在分割後的麵團覆蓋上濕布，放置約20分鐘。
6：成型	請參閱P.19**袋形・無內餡的方法**成型。
7：二次發酵 ★時間僅供參考，請依實際情況判斷。	將麵團排列於鋪上烘焙紙的烤盤中，蓋上濕布放置約60分鐘（酵母1g、室溫25℃的情況）。約膨脹為1.5至2倍的大小即為發酵完成。
8：烘烤 ★於麵團戳洞時，穩穩地將向下戳洞，如手指要碰到烤盤一般。 ★如果使用電烤箱，請將溫度提高10℃至30℃，烤盤也一起預熱。	在麵團表面淋上足夠的橄欖油（分量外），並以手均勻延展（a）。以手指在表面戳九個洞（以2・3・2的間隔）（b）。撒上適量的鹽（分量外）（c）。放入已預熱至230℃的烤箱中烘烤約17分鐘。

a b c

馬鈴薯及粗黑胡椒的調性非常搭，
在麵團上快速地撒上黑胡椒，
加上蒸熟的馬鈴屬切塊，
就完成了口味帶點刺激辛辣感的佛卡夏。

馬鈴薯＆黑胡椒佛卡夏

材料（4個份）		
A	中筋麵粉	300g
	鹽	6g
	粗粒黑胡椒	2g
水 ★水的溫度為50℃－室溫＝水溫		185g
速發酵母		1g（小匙¼）
橄欖油		15g
馬鈴薯（洗淨蒸熟後去皮，切成寬1cm塊狀）		90g

1：混合 ★將麵團揉成一圓形，至無粉狀的程度。	將A粉料倒入鋼盆中充分攪拌混勻後，在中央製作一凹槽，加入水及酵母、橄欖油。先以刮板將粉料及水大致混合後，再於鋼盆中以手揉麵至成團後於鋼盆上覆蓋濕布，靜置15分鐘。
2：揉麵 ★揉麵的時間約為3分鐘。力道雖因個人而有差異，但不要太過用力。	將麵團放至工作檯上，揉至表面光滑、柔軟。
3：一次發酵	在容器上抹上薄薄一層橄欖油（分量外），將揉好的麵團較平整的一面朝上放入。覆蓋濕布後放置約3小時（酵母1g、室溫25℃的情況），使之發酵至2至2.5倍大小。
4：混合・分割	在撒了手粉的工作檯上，將麵團大致分為八塊放入鋼盆中，混入放涼的馬鈴薯混合，再將麵團分成四等份，揉圓，不封口。
5：休眠時間	在分割後的麵團覆蓋上濕布，放置約20分鐘。
6：成型	將麵團以擀麵棍擀至約直徑12cm的大小。
7：二次發酵 ★時間僅供參考，請依實際情況判斷。	將麵團排列於鋪上烘焙紙的烤盤中，蓋上濕布放置約50分鐘（酵母1g、室溫25℃的情況）。約膨脹為1.5至2倍的大小即為發酵完成。
8：烘烤 ★於麵團戳洞時，穩穩地將向下戳洞，如手指要碰到烤盤一般。 ★如果使用電烤箱，請將溫度提高10℃至30℃，烤盤也一起預熱。	在麵團表面淋上足夠的橄欖油（分量外）（a），並以手均勻延展（b）。以手指在表面戳七個洞（以2・3・2的間隔）（c）。撒上適量的鹽（分量外）（d）。放入已預熱至200℃的烤箱中烘烤約17分鐘。 a b c d

外形如葉子形狀的Fougasse（法式傳統麵包）。
在麵團裡混入綠橄欖及青紫蘇，
再以刀刻出圖案，以烤盤為畫布，
一步步完成了浮現在腦海中的大葉子了！

綠橄欖＆青紫蘇Fougasse

材料（3個份）		
A	中筋麵粉	300g
	鹽	6g
水 ★水的溫度為50℃－室溫＝水溫		185g
速發酵母		1g（¼小匙）
橄欖油		15g
綠橄欖 （切成4等份的圓片狀）		15顆
青紫蘇（切絲）		15片

1：混合 ★將麵團揉成一圓形，至無粉狀的程度。	將A粉料倒入鋼盆中充分攪拌混勻後，在中央製作一凹槽，加入水及酵母、橄欖油。先以刮板將粉料及水大致混合後，再於鋼盆中以手揉麵至成團後於鋼盆上覆蓋濕布，靜置15分鐘。
2：揉麵 ★揉麵的時間約為3分鐘。力道雖因個人而有差異，但不要太過用力。	將麵團放至工作檯上，揉至表面光滑、柔軟。
3：一次發酵	在容器上抹上薄薄一層橄欖油（分量外），將揉好的麵團較平整的一面朝上放入。覆蓋濕布後放置約3小時（酵母1g、室溫25℃的情況），使之發酵至2至2.5倍大小。
4：混合・分割	在薄撒手粉的工作檯上將麵團大致分為八塊放入鋼盆中，再混入橄欖及青紫蘇，再將麵團分為三等份，揉圓，不封口。
5：休眠時間	在分割後的麵團覆蓋上濕布，放置約20分鐘。
6：成型	將麵團以擀麵棍擀成縱長的橢圓形（a），於表面以刀子劃出刻痕（b），製作出葉脈的樣子（c）。
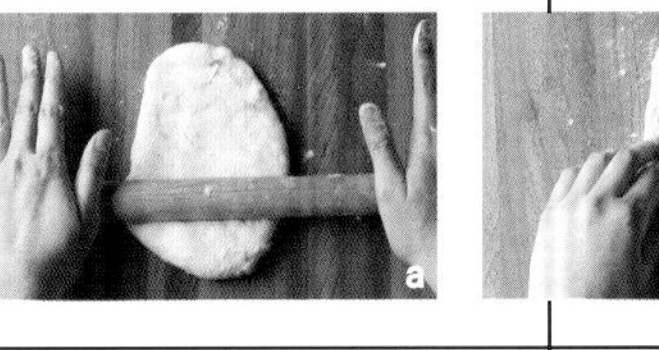 a	 b  c
7：二次發酵 ★時間僅供參考，請依實際情況判斷。	將麵團排列於鋪上烘焙紙的烤盤中，蓋上濕布放置約40分鐘（酵母1g、室溫25℃的情況）。約膨脹為1.5倍的大小即為發酵完成。
8：烘烤 ★如果使用電烤箱，請將溫度提高10℃至30℃，烤盤也一起預熱。	在麵團表面淋上足夠的橄欖油（分量外）（d），並以手均勻延展（e）。放入已預熱至220℃的烤箱中烘烤約14分鐘。  d  e

這是一款不使用起司的披薩！
一邊撒上手粉，一邊將餅皮拉成長圓形，
放上材料前，記得先以叉子在餅皮上戳孔。
配料是水煮後壓成泥的芋頭，風味濃厚，
以高湯燙熟的蓮藕更是可口，
即使放涼了也很Q喔！

芋頭&蓮藕pizza

材料(2個份)		
A	中筋麵粉	300g
	鹽	6g
水 ★水的溫度為50℃－室溫＝水溫		185g
速發酵母		1g(¼小匙)
橄欖油		15g
芋頭 (水煮後去皮壓成泥)		150g
蓮藕(切薄片)		14片
披薩醬(市售)		70g

準備工作

●將蓮藕以高湯水煮後備用。

1：混合 ★將麵團揉成一圓形，至無粉狀的程度。	將A粉料倒入鋼盆中充分攪拌混勻後，在中央製作一凹槽，加入水及酵母、橄欖油。先以刮板將粉料及水大致混合後，再於鋼盆中以手揉麵至成團後於鋼盆上覆蓋濕布，靜置15分鐘。
2：揉麵 ★揉麵的時間約為3分鐘。力道雖因個人而有差異，但不要太過用力。	將麵團放至工作檯上，揉至表面光滑、柔軟。
3：一次發酵	在容器上抹上薄薄一層橄欖油(分量外)，將揉好的麵團較平整的一面朝上放入。覆蓋濕布後放置約3小時(酵母1g、室溫25℃的情況)，使之發酵至2至2.5倍大小。
4：分割	在撒了手粉的工作檯上將麵團分二等份，揉圓，不封口。
5：休眠時間	在分割後的麵團覆蓋上濕布，放置約20分鐘。
6：成型	將麵團封口向下放置於烤盤紙上。一邊撒上手粉，一邊將麵團以擀麵棍擀成直徑約20cm圓形(a)，放於烤盤上。 a
7：擺料	以叉子將麵團表面戳出孔(b)，邊緣(披薩的外圍麵皮部分)塗上橄欖油(分量外)，中間鋪上芋泥，再塗上披薩醬(c)，擺上蓮藕，以手輕壓固定(d)。 b c d
8：烘烤 ★如果使用電烤箱，請將溫度提高10℃至30℃，烤盤也一起預熱。	放入已預熱至200℃的烤箱中烘烤約15分鐘。

變身為美味三明治

四季豆&梅子三明治

材料（4個份）
菜子油・原味麵包　4個
四季豆　4根
梅子果肉　10g
高湯　適量
菜子油　適量
鹽　一小搓
磨碎白芝麻　適量

作法
1　將梅子果肉以高湯泡開。
2　將四季豆斜切，以菜子油拌炒，以鹽巴調味。
3　將麵包以刀對切，再將四季豆、梅子果肉依序夾入，撒上芝麻即完成。

鹽豆腐&白味噌三明治

材料（4個份）
無油・原味麵包　4個
絹豆腐　½個（200g）
鹽（細顆粒）　2g
低筋全麥麵粉　適量
白味噌　15g
焙煎黑芝麻　1g
菜子油　1g
青紫蘇（切絲）　3片

作法
1　將豆腐兩面抹鹽，以廚房紙巾將豆腐包覆後，放入容器冷藏一晚。
2　從冰箱取出豆腐瀝乾水分後，直線對切後，再切成寬2cm大小，裹上全麥麵粉。平底鍋倒入菜子油預熱，將豆腐煎至金黃色。
3　將芝麻加入白味噌中，再加入1g菜子油，混合均勻。
4　將麵包以刀對切，將步驟**3**味噌塗於麵包內側，夾入豆腐及青紫蘇即完成。

菜子油原味麵包、無油原味麵包、胡麻油原味麵包、原味佛卡夏等……
直接吃就很美味，夾入食材作成三明治也很方便。
為了能吃到麵包原本的美味，皆選用單純的食材作為配料。

焦糖&蓮藕三明治

材料（4個份）
胡麻油・原味麵包　4個
蓮藕　厚5mm 8片
精緻砂糖　10g
菜子油　5g
焙煎白芝麻　適量

作法
1　將蓮藕以水煮2分鐘去除澀味，瀝乾水分。
2　將菜子油倒入平底鍋預熱，以中火慢煎蓮藕。
3　當蓮藕已吸入油脂軟化，再加入精緻砂糖，煎至呈現焦糖色狀。
4　將麵包以刀對切，夾入蓮藕，撒上芝麻即完成。

南瓜香蕉肉桂三明治

材料（3個份）
原味佛卡夏　3個
南瓜（果肉）　90g
精緻砂糖　9g
菜子油　3g
香蕉（切片）15片
肉桂粉　適量

作法
1　南瓜洗淨蒸熟，去皮，壓泥。
2　將步驟**1**加入砂糖及菜子油混合。
3　將佛卡夏以刀對切，夾入步驟**2**南瓜泥。
4　排入5片香蕉，撒上肉桂粉即完成。

烘焙人的憧憬——鄉村麵包，
製作起來好像很困難？……
有人會這麼問：「沒有專用的發酵籃就沒辦法作了嗎？」
其實不需特別的道具，
絕對比你想像中簡單。
放置隔日的鄉村麵包，狀態不僅更穩定，也更加美味，
作為贈禮也很適合喔！

原味鄉村麵包

材料（1個份）		
A	中筋麵粉	260g
	高筋全麥麵粉	40g
	鹽	5g
蜂蜜		8g
水 ★水的溫度為50℃－室溫＝水溫		195g
速發酵母		1g（¼小匙）

籃子或籐籃

● 建議使用直徑約15cm的籃子作為發酵容器。只要底部為圓形，金屬或鋼盆也ok。本書中使用的是鄉村麵包發酵專用籃（右圖）。

烤盤兩個

● 一個是進烤爐用，另一個則作為麵團放置台，也可以托盤代替。

1：混合 ★將麵團揉成一圓形，至無粉狀的程度。	將A粉料倒入鋼盆中充分攪拌混勻後，在中央製作一凹槽，加入溶有蜂蜜的水及酵母。先以刮板將粉料及水大致混合後，再於鋼盆中以手揉麵至成團後於鋼盆上覆蓋濕布，靜置30分鐘。
2：揉麵 ★揉麵的時間約為3分鐘。力道雖因個人而有差異，但不要太過用力。	將麵團放至工作檯上，揉至表面光滑、柔軟。當水分較多不易成團時，多揉幾次情況會好轉。
3：一次發酵	在容器上抹上薄薄一層菜子油（分量外），將揉好的麵團較平整的一面朝上放入。覆蓋濕布後放置約3小時（酵母1g、室溫25℃的情況），使之發酵至2至2.5倍大小。
4：整圓	在撒了手粉的工作檯上將麵團依P.18**圓形・無包餡的步驟①至④**成型，揉圓，不封口。
5：休眠時間	在分割後的麵團覆蓋上濕布，放置約20分鐘。
6：成型	請參閱P.18**圓形・無內餡的方法**成型。
7：二次發酵 ★時間僅供參考，請依實際情況判斷。	在籃子中鋪入薄布，撒入手粉（a）。將麵團封口朝上放入，蓋上濕布放置約60分鐘（酵母1g、室溫25℃的情況）。約膨脹為1.5至2倍的大小即為發酵完成（b）。
8：烘烤 ★在麵團上劃上刻痕時，可先以手指劃線後將刀子依線劃上刻痕即可。 ★其中一個烤盤也一起預熱。 ★如果使用電烤箱，請將溫度提高10℃至30℃。	於麵團鋪上烘焙紙，以手翻面（c）。將麵團與烤盤紙一同放置於反置的烤盤上，將籃子及乾布取下（d）。將中筋麵粉（分量外）以小篩網過篩撒於麵團上（e），劃上十字刻痕（f）。刻痕處淋入少量菜子油（分量外）。將噴霧器噴口朝上，使麵團表面均勻噴上水霧氣。將麵團及烘焙紙一起放入已預熱的烤盤背面（g），放入已預熱至230℃的烤箱中烘烤約20分鐘。

a b

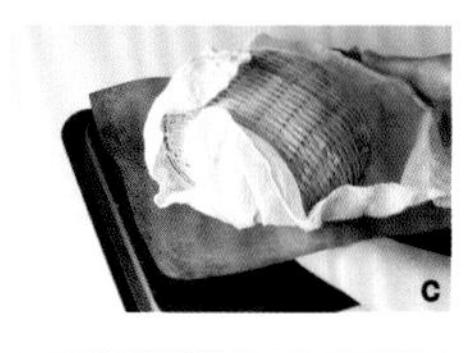

c

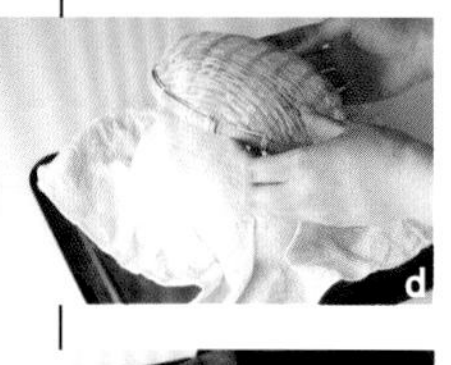

d

e

f

g

鬆軟栗子搭配麥片，
呈現純粹＆天然的美味。
麵團中加入了全麥麵粉，
咀嚼時散發著大地豐饒的純樸原味。

栗子&麥片鄉村麵包

工具
籃子或籐籃 ★請參閱P.63
薄布（揉麵布）

材料（1個份）		
A	中筋麵粉	260g
	高筋全麥麵粉	40g
	鹽	5g
蜂蜜		8g
水 ★水的溫度為50℃—室溫＝水溫		195g
速發酵母		1g（¼小匙）
栗子甘露煮（日式糖煮栗子）		100g
炒過的麥片		12g

準備工作

●將栗子甘露煮80g每顆切成¼（大），20g切碎（小）備用。

1：混合 ★將麵團揉成一圓形，至無粉狀的程度。	將A粉料倒入鋼盆中充分攪拌混勻後，在中央製作一凹槽，加入溶有蜂蜜的水及酵母。先以刮板將粉料及水大致混合後，再於鋼盆中以手揉麵至成團後於鋼盆上覆蓋濕布，靜置30分鐘。
2：揉麵 ★揉麵的時間約為3分鐘。力道雖因個人而有差異，但不要太過用力。	將麵團放至工作檯上，揉至表面光滑、柔軟。當水分較多不易成團時，多揉幾次情況會好轉。
3：一次發酵	在容器上抹上薄薄一層菜子油（分量外），將揉好的麵團較平整的一面朝上放入。覆蓋濕布後放置約3小時（酵母1g、室溫25℃的情況），使之發酵至2至2.5倍大小。
4：整圓	在撒了手粉的工作檯上將麵團依P.18**圓形・無包餡的步驟①至④成型**，揉圓，不封口。
5：休眠時間	在分割後的麵團覆蓋上濕布，放置約20分鐘。
6：成型	請參閱P.18**圓形・無內餡①至⑧、㋑至㋩、⑨至⑪的方法**成型。

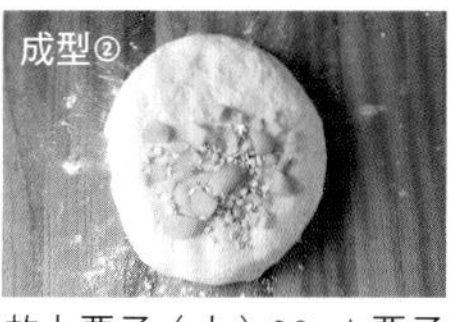

放上栗子（大）30g＋栗子（小）10g＋麥片4g。

放上栗子（大）30g＋栗子（小）10g＋麥片4g。

放上栗子（大）20g＋麥片4g。

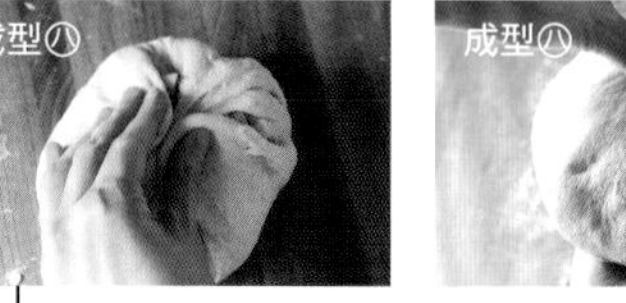

7：二次發酵 ★時間僅供參考，請依實際情況判斷。	在籃子中鋪入薄布，撒入手粉（a）。將麵團封口朝上放入，蓋上濕布放置約60分鐘（酵母1g、室溫25℃的情況）。約膨脹為1.5至2倍的大小即為發酵完成（b）。
8：烘烤 ★在麵團上劃上刻痕時，可先以手指劃線後將刀子依線劃上刻痕即可。 ★其中一個烤盤也一起預熱。 ★如果使用電烤箱，請將溫度提高10℃至30℃。	請參考P.63。放入已預熱至230℃的烤箱中烘烤約20分鐘。

這一回嘗試將帶有光澤＆口感柔軟的甜黑豆融入鄉村麵包中。
厚實感的日本黑豆遇上口味樸實的法國鄉村麵包，
出乎意外地非常搭調呢？

黑豆鄉村麵包

工具
籃子或籐籃 ★請參閱P.63
薄布（揉麵布）

材料（1個份）		
A	中筋麵粉	260g
	高筋全麥麵粉	40g
	鹽	5g
蜂蜜		8g
水 ★水的溫度為50℃－室溫＝水溫		195g
速發酵母		1g（¼小匙）
黑豆甘露煮 （日式糖煮黑豆）		100g

準備工作

- 將黑豆甘露煮以濾網瀝去水分備用。

1：混合 ★將麵團揉成一圓形，至無粉狀的程度。	將A粉料倒入鋼盆中充分攪拌混勻後，在中央製作一凹槽，加入溶有蜂蜜的水及酵母。先以刮板將粉料及水大致混合後，再於鋼盆中以手揉麵至成團後於鋼盆上覆蓋濕布，靜置30分鐘。
2：揉麵 ★揉麵的時間約為3分鐘。力道雖因個人而有差異，但不要太過用力。	將麵團放至工作檯上，揉至表面光滑、柔軟。當水分較多不易成團時，多揉幾次情況會好轉。
3：一次發酵	在容器上抹上薄薄一層菜子油（分量外），將揉好的麵團較平整的一面朝上放入。覆蓋濕布後放置約3小時（酵母1g、室溫25℃的情況），使之發酵至2至2.5倍大小。
4：整圓	在撒了手粉的工作檯上將麵團依P.18**圓形・無包餡的步驟①至④成型**，揉圓，不封口。
5：休眠時間	在分割後的麵團覆蓋上濕布，放置約20分鐘。
6：成型	請參閱P.18圓形・**無包餡①至⑧、㋑至㋩、⑨至⑪的方法**成型。

放上黑豆35g。

放上黑豆35g。

放上黑豆30g。

7：二次發酵 ★時間僅供參考，請依實際情況判斷。	在籃子中鋪入薄布，撒入手粉。將麵團封口朝上放入，蓋上濕布放置約60分鐘（酵母1g、室溫25℃的情況）。約膨脹為1.5至2倍的大小即為發酵完成（b）。
8：烘烤 ★在麵團上劃上刻痕時，可先以手指劃線後將刀子依線劃上刻痕即可。 ★其中一個烤盤也一起預熱。 ★如果使用電烤箱，請將溫度提高10℃至30℃。	請參閱P.63。於麵團表面以刀劃上井字刻痕。放入已預熱至230℃的烤箱中烘烤約20分鐘。

玉米加上富含礦物質的小米，
兩種具自然甘甜的食材與鄉村麵包真是絕配！
好吃的小訣竅是一定要將玉米的水分充分瀝乾再進行製作喔！

玉米&小米鄉村麵包

工具
籃子或籐籃 ★請參閱P.63
薄布（揉麵布）

材料（1個份）		
A	中筋麵粉	260g
	高筋全麥麵粉	40g
	鹽	5g
蜂蜜		8g
水 ★水的溫度為50℃－室溫＝水溫		195g
速發酵母		1g（¼小匙）
小米		20g
熱水		20g
玉米（罐頭）		75g

準備工作

- 將小米與熱水倒入容器中，以保鮮膜封口後以微波爐微波約1分鐘。靜置待涼至手接觸不燙的程度。

1：混合 ★將麵團揉成一圓形，至無粉狀的程度。	將A粉料倒入鋼盆中充分攪拌混勻後，在中央製作一凹槽，加入溶有蜂蜜的水、小米及酵母。先以刮板將粉料及水大致混合後，再於鋼盆中以手揉麵至成團後於鋼盆上覆蓋濕布，靜置30分鐘。
2：揉麵 ★揉麵的時間約為3分鐘。力道雖因個人而有差異，但不要太過用力。	將麵團放至工作檯上，揉至表面光滑、柔軟。當水分較多不易成團時，多揉幾次情況會好轉。
3：一次發酵	在容器上抹上薄薄一層菜子油（分量外），將揉好的麵團較平整的一面朝上放入。覆蓋濕布後放置約3小時（酵母1g、室溫25℃的情況），使之發酵至2至2.5倍大小。
4：整圓	在撒了手粉的工作檯上將麵團依P.18**圓形・無包餡的步驟①至④**成型，揉圓，不封口。
5：休眠時間	在分割後的麵團覆蓋上濕布，放置約20分鐘。
6：成型	請參閱P.18**圓形・無內餡①至⑧、㋑至㋩、⑨至⑪的方法**成型。

放上玉米25g。

放上玉米25g。

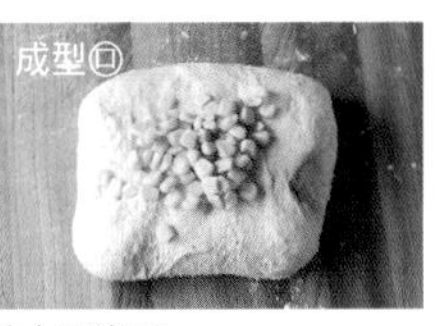

放上玉米25g。

7：二次發酵 ★時間僅供參考，請依實際情況判斷。	在籃子中鋪入薄布，撒入手粉。將麵團封口朝上放入，蓋上濕布放置約60分鐘（酵母1g、室溫25℃的情況）。約膨脹為1.5至2倍的大小即為發酵完成。
8：烘烤 ★在麵團上劃上刻痕時，可先以手指劃線後將刀子依線劃上刻痕即可。 ★其中一個烤盤也一起預熱。 ★如果使用電烤箱，請將溫度提高10℃至30℃。	請參閱P.63。放入已預熱至230℃的烤箱中烘烤約20分鐘。

紅茶＆生薑鄉村麵包

工具	
籃子或籐籃 ★請參閱P.63	
薄布（揉麵布）	

材料（1個份）		
A	中筋麵粉	260g
	高筋全麥麵粉	40g
	鹽	5g
	紅茶（茶包內容物）	4g
蜂蜜		8g
水 ★水的溫度為50℃－室溫＝水溫		195g
速發酵母		1g（¼小匙）
生薑泥		6g

1：混合 ★將麵團揉成一圓形，至無粉狀的程度。	將A粉料倒入鋼盆中充分攪拌混勻後，在中央製作一凹槽，加入溶有蜂蜜的水、生薑泥及酵母。先以刮板將粉料及水大致混合後，再於鋼盆中以手揉麵至成團後於鋼盆上覆蓋濕布，靜置30分鐘。
2：揉麵 ★揉麵的時間約為3分鐘。力道雖因個人而有差異，但不要太過用力。	將麵團放至工作檯上，揉至表面光滑、柔軟。當水分較多不易成團時，多揉幾次情況會好轉。
3：一次發酵	在容器上抹上薄薄一層菜子油（分量外），將揉好的麵團較平整的一面朝上放入。覆蓋濕布後放置約3小時（酵母1g、室溫25℃的情況），使之發酵至2至2.5倍大小。
4：整圓	在撒了手粉的工作檯上將麵團依P.18**圓形・無包餡的步驟①至④**成型，揉圓，不封口。
5：休眠時間	在分割後的麵團覆蓋上濕布，放置約20分鐘。
6：成型	請參閱P.18**圓形・無內餡的方法**成型。
7：二次發酵 ★時間僅供參考，請依實際情況判斷。	在籃子中鋪入薄布，撒入手粉。將麵團封口朝上放入，蓋上濕布放置約60分鐘（酵母1g、室溫25℃的情況）。約膨脹為1.5至2倍的大小即為發酵完成。
8：烘烤 ★在麵團上劃上刻痕時，可先以手指劃線後將刀子依線劃上刻痕即可。 ★其中一個烤盤也一起預熱。 ★如果使用電烤箱，請將溫度提高10℃至30℃。	請參閱P.63。放入已預熱至230℃的烤箱中烘烤約20分鐘。

紅茶及生薑是讓身體暖呼呼的組合。
紅茶使用茶包中的茶葉，
換上蘋果茶、伯爵茶……即可改變口味，
各種水果茶都可嘗試看看。
記得一定要使用磨碎的細末茶葉喔！

洛斯迪克的原意是「純樸」，
屬於法國麵包的一種。
將麵團隨意分割後就可進爐烘烤，
如同其名一般，是純樸且具有個性的麵包。
即使大小不一，也不必在意。
這就是樸素又可愛的洛斯迪克！

原味洛斯迪克

材料（6個份）		
A	中筋麵粉	300g
	鹽	6g
蜂蜜		7g
水 ★水的溫度為50℃－室溫＝水溫		200g
速發酵母		1g（¼小匙）

1：混合 ★將麵團揉成一圓形，至無粉狀的程度。	將A粉料倒入鋼盆中充分攪拌混勻後，在中央製作一凹槽，加入溶有蜂蜜的水及酵母。先以刮板將粉料及水大致混合後，再於鋼盆中以手揉麵至成團後於鋼盆上覆蓋濕布，靜置30分鐘。
2：揉麵 ★揉麵的時間約為3分鐘。力道雖因個人而有差異，但不要太過用力。	將麵團放至工作檯上，揉至表面光滑、柔軟。當水分較多不易成團時，多揉幾次情況會好轉（a、b、c）。  a  b  c
3：一次發酵	在容器上抹上薄薄一層菜子油（分量外），將揉好的麵團較平整的一面朝上放入。覆蓋濕布後放置約3小時（酵母1g、室溫25℃的情況），使之發酵至2至2.5倍大小。
4：成型	請參閱P.21**洛斯迪克・無包餡的方法**成型。
5：休眠時間	在分割後的麵團覆蓋上濕布，放置約20分鐘。
6：分割	將麵團以切麵刀切割，以目測分為6等份（d）。  d
7：二次發酵 ★麵團的斷面容易黏在布上，留意排列時將斷面以橫向擺放。如果不小心黏住，以切麵刀慢慢撥開（e）。 ★時間僅供參考，請依實際情況判斷。	將麵團排列於鋪上烘焙紙的烤盤中，蓋上濕布放置約50分鐘（酵母1g、室溫25℃的情況）。約膨脹為1.5倍至2倍的大小即為發酵完成。  e
8：烘烤 ★如果使用電烤箱，請將溫度提高10℃至30℃，烤盤也一起預熱。	將中筋麵粉（分量外）以小篩網過篩撒於麵團上，劃上一道刻痕（f）。刻痕處淋入少量菜子油（分量外）。將噴霧器噴口朝上，使麵團表面均勻噴上水霧氣。放入已預熱至230℃的烤箱中烘烤約14分鐘。  f

將料理常用的砂糖、醬油，
和誕生於法國的洛斯迪克結合。
烘烤途中將洛斯迪克取出，
在刻痕上塗上甜醬油，
再放入烤箱繼續烘烤，
當飄出香味時就可出爐了。
這就是口味既熟悉又新潮的洛斯迪克了！

甜醬油洛斯迪克

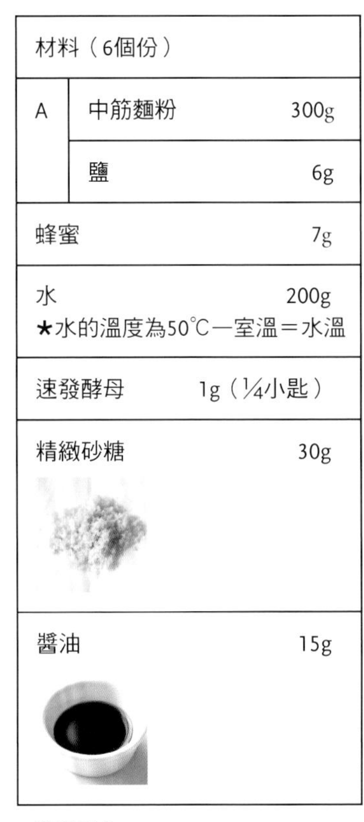

材料（6個份）		
A	中筋麵粉	300g
	鹽	6g
蜂蜜		7g
水 ★水的溫度為50℃－室溫＝水溫		200g
速發酵母		1g（¼小匙）
精緻砂糖		30g
醬油		15g

準備工作

○將精緻砂糖與醬油混合。

1：混合 ★將麵團揉成一圓形，至無粉狀的程度。	將A粉料倒入鋼盆中充分攪拌混勻後，在中央製作一凹槽，加入溶有蜂蜜的水及酵母。先以刮板將粉料及水大致混合後，再於鋼盆中以手揉麵至成團後於鋼盆上覆蓋濕布，靜置30分鐘。
2：揉麵 ★揉麵的時間約為3分鐘。力道雖因個人而有差異，但不要太過用力。	將麵團放至工作檯上，揉至表面光滑、柔軟。當水分較多不易成團時，多揉幾次情況會好轉（請參閱P.73）。
3：一次發酵	在容器上抹上薄薄一層菜子油（分量外），將揉好的麵團放入。覆蓋濕布後放置約3小時（酵母1g、室溫25℃的情況），使之發酵至2至2.5倍大小。
4：成型	請參閱P.21**洛斯迪克・無包餡的方法**成型。
5：休眠時間	在分割後的麵團覆蓋上濕布，放置約20分鐘。
6：分割	將麵團以切麵刀切割，以目測分為6等份。
7：二次發酵 ★麵團的斷面容易黏在布上，留意排列時將斷面以橫向擺放。如果不小心黏住，以切麵刀慢慢撥開（e）。 ★時間僅供參考，請依實際情況判斷。	將麵團排列於鋪上烘焙紙的烤盤中，蓋上濕布放置約50分鐘（酵母1g、室溫25℃的情況）。約膨脹為1.5倍至2倍的大小即為發酵完成。
8：烘烤 ★如果使用電烤箱，請將溫度提高10℃至30℃，烤盤也一起預熱。	將中筋麵粉（分量外）以小篩網過篩撒於麵團上，劃上一道刻痕。刻痕處淋入少量菜子油（分量外）。將噴霧器噴口朝上，使麵團表面均勻噴上水霧氣。放入已預熱至230℃的烤箱中烘烤約10分鐘後，取出麵包，在刻痕周圍淋上甜醬油（a），再烤3分鐘。 a

鹽味昆布與青紫蘇，
兩種皆具香氣的和風素材，
也是常見的飯團組合，
最適合在午餐時享用。
可依個人口味調整昆布的鹹味，
這款麵包可是會讓人一吃上癮的洛斯迪克！

昆布&青紫蘇洛斯迪克

材料（6個份）		
A	中筋麵粉	300g
	鹽	6g
蜂蜜		7g
水 ★水的溫度為50℃－室溫＝水溫		200g
速發酵母		1g（¼小匙）
鹽昆布		18至20g
青紫蘇（切絲）		10片

1：混合 ★將麵團揉成一圓形，至無粉狀的程度。	將A粉料倒入鋼盆中充分攪拌混勻後，在中央製作一凹槽，加入溶有蜂蜜的水及酵母。先以刮板將粉料及水大致混合後，再於鋼盆中以手揉麵至成團後於鋼盆上覆蓋濕布，靜置30分鐘。
2：揉麵 ★揉麵的時間約為3分鐘。力道雖因個人而有差異，但不要太過用力。	將麵團放至工作檯上，揉至表面光滑、柔軟。當水分較多不易成團時，多揉幾次情況會好轉（請參閱P.73）。
3：一次發酵	在容器上抹上薄薄一層菜子油（分量外），將揉好的麵團放入。覆蓋濕布後放置約3小時（酵母1g、室溫25℃的情況），使之發酵至2至2.5倍大小。
4：成型	請參閱P.21**洛斯迪克·無包餡的方法**成型。 成型ⓐ 放上一半分量的鹽昆布與青紫蘇。 成型ⓒ 放上剩餘的一半分量。
5：休眠時間	在分割後的麵團覆蓋上濕布，放置約20分鐘。
6：分割	將麵團以切麵刀切割，以目測分為6等份（a、b）。
7：二次發酵 ★麵團的斷面容易黏在布上，留意排列時將斷面以橫向擺放。如果不小心黏住，以切麵刀慢慢撥開（e）。 ★時間僅供參考，請依實際情況判斷。	將麵團排列於鋪上烘焙紙的烤盤中，蓋上濕布放置約50分鐘（酵母1g、室溫25℃的情況）。約膨脹為1.5倍至2倍的大小即為發酵完成。
8：烘烤 ★如果使用電烤箱，請將溫度提高10℃至30℃，烤盤也一起預熱。	將中筋麵粉（分量外）以小篩網過篩撒於麵團上，劃上一道刻痕。刻痕處淋入少量菜子油（分量外）。將噴霧器噴口朝上，使麵團表面均勻噴上水霧氣。放入已預熱至230℃的烤箱中烘烤約14分鐘。

柚子胡椒因種類不同，嗆味會直衝腦門。
請依照自己的口味調整用量，
越嚼越有豐富的味道！
稍微有成熟風味的洛斯迪克，特別推薦給嘗試變化的你。

柚子胡椒&柴魚洛斯迪克

材料（6個份）		
A	中筋麵粉	300g
	鹽	6g
蜂蜜		7g
水 ★水的溫度為50℃－室溫＝水溫		200g
速發酵母		1g（¼小匙）
柚子胡椒		10至12g
柴魚片		10g

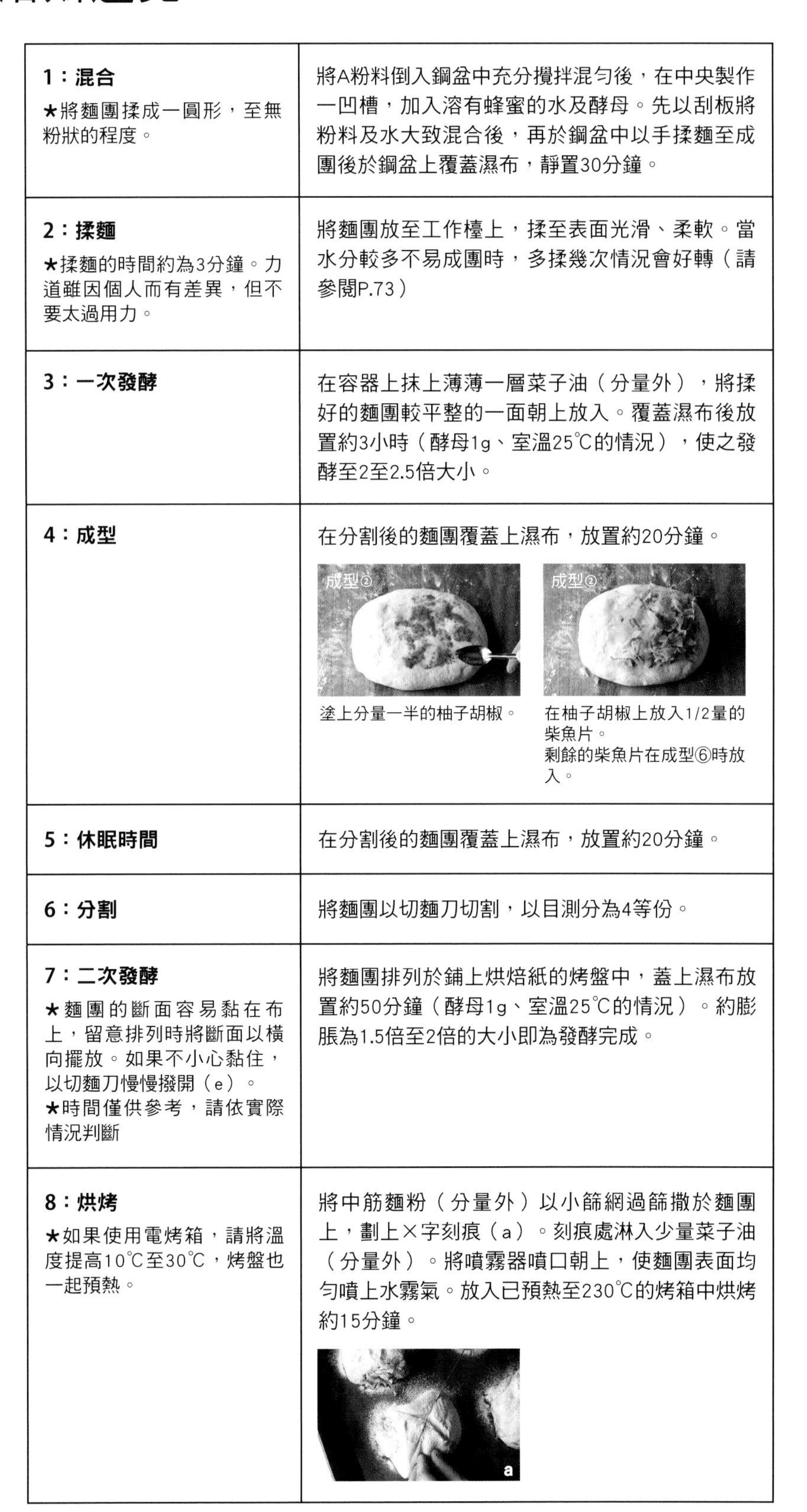

1：混合 ★將麵團揉成一圓形，至無粉狀的程度。	將A粉料倒入鋼盆中充分攪拌混勻後，在中央製作一凹槽，加入溶有蜂蜜的水及酵母。先以刮板將粉料及水大致混合後，再於鋼盆中以手揉麵至成團後於鋼盆上覆蓋濕布，靜置30分鐘。
2：揉麵 ★揉麵的時間約為3分鐘。力道雖因個人而有差異，但不要太過用力。	將麵團放至工作檯上，揉至表面光滑、柔軟。當水分較多不易成團時，多揉幾次情況會好轉（請參閱P.73）
3：一次發酵	在容器上抹上薄薄一層菜子油（分量外），將揉好的麵團較平整的一面朝上放入。覆蓋濕布後放置約3小時（酵母1g、室溫25℃的情況），使之發酵至2至2.5倍大小。
4：成型	在分割後的麵團覆蓋上濕布，放置約20分鐘。 成型② 塗上分量一半的柚子胡椒。 成型② 在柚子胡椒上放入1/2量的柴魚片。 剩餘的柴魚片在成型⑥時放入。
5：休眠時間	在分割後的麵團覆蓋上濕布，放置約20分鐘。
6：分割	將麵團以切麵刀切割，以目測分為4等份。
7：二次發酵 ★麵團的斷面容易黏在布上，留意排列時將斷面以橫向擺放。如果不小心黏住，以切麵刀慢慢撥開（e）。 ★時間僅供參考，請依實際情況判斷	將麵團排列於鋪上烘焙紙的烤盤中，蓋上濕布放置約50分鐘（酵母1g、室溫25℃的情況）。約膨脹為1.5倍至2倍的大小即為發酵完成。
8：烘烤 ★如果使用電烤箱，請將溫度提高10℃至30℃，烤盤也一起預熱。	將中筋麵粉（分量外）以小篩網過篩撒於麵團上，劃上×字刻痕（a）。刻痕處淋入少量菜子油（分量外）。將噴霧器噴口朝上，使麵團表面均勻噴上水霧氣。放入已預熱至230℃的烤箱中烘烤約15分鐘。 a

烘焙良品 17

易學不失敗！12原則×9步驟——
以少少の酵母在家作麵包

作　　者／幸栄 ゆきえ
譯　　者／吳思穎
發 行 人／詹慶和
總 編 輯／蔡麗玲
執行編輯／詹凱雲
編　　輯／蔡毓玲・林昱彤・劉蕙寧・李盈儀・黃璟安
封面設計／陳麗娜
美術編輯／周盈汝
內頁排版／造　極
出 版 者／良品文化館
發 行 者／雅書堂文化事業有限公司
郵撥帳號／18225950 戶名：雅書堂文化事業有限公司
地　　址／新北市板橋區板新路206號3樓
電　　話／(02)8952-4078
傳　　真／(02)8952-4084
電子信箱／elegant.books@msa.hinet.net

2013年5月初版一刷　定價 280元

總　經　銷／朝日文化事業有限公司
進退貨地址／235新北市中和區橋安街15巷1號7樓
電　　　話／(02)2249-7714
傳　　　真／(02)2249-8715

STAFF

書籍設計　若山嘉代子 L'espace
攝　　影　原田真理
造　　型　曲田有子
插　　畫　濱田　渚
校　　對　山脇節子
編　　輯　田中　薫（文化出版局）

國家圖書館出版品預行編目(CIP)資料

易學不失敗！12原則×9步驟——以少少の酵母在家作麵包 / 幸栄 ゆきえ 著；吳思穎 譯.
-- 初版. -- 新北市：良品文化館
2013.05
面； 公分. -- (烘焙良品 ;17)
ISBN 978-986-7139-86-3 (平裝)
1.點心食譜 2.麵包 3.酵母
427.16　　102007785

極好吃！

就是要超手感天然食材

超低卡不發胖點心、酵母麵包、米蛋糕、戚風蛋糕……
讓你驚喜的健康食譜新概念。

烘焙良品

烘焙良品 01
好吃不發胖低卡麵包
作者：茨木くみ子
定價：280 元
19×26cm・74 頁・全彩

好想咬一口剛出爐的麵包，但又害怕熱量太高！本書介紹 37 款無添加奶油以及油類的麵包製作方式，讓你在家就能輕鬆享受烘焙樂趣。

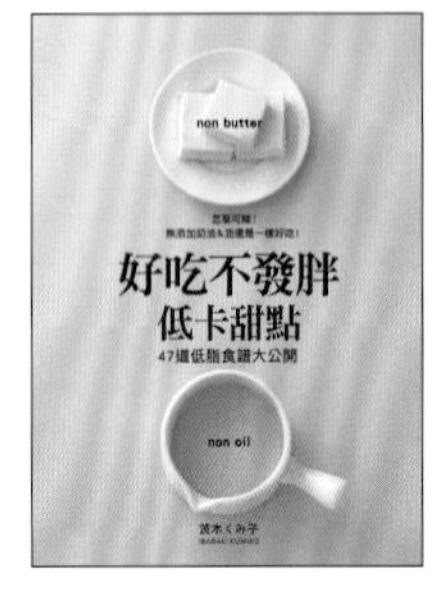

烘焙良品 02
好吃不發胖低卡甜點
作者：茨木くみ子
定價：280 元
19×26cm・80 頁・全彩

47 道無添加奶油的超人氣甜點食譜大公開！沒有天分的你也不用擔心，少了添加油品的步驟，教你輕鬆製作多款夢幻甜點不失手唷！

烘焙良品 03
清爽不膩口鹹味點心
作者：熊本真由美
定價：300 元
19×26 cm・128 頁・彩色

發源於法國的鹹味點心，不但顛覆了大眾對甜點的印象，更豐富了人們的選擇。只要動手作了之後，就可以發現法式點心的迷人之處。

烘焙良品 05
自製天然酵母作麵包
作者：太田幸子
定價：280 元
19×26cm・96 頁・彩色

簡單方便的原種培養法，製作多種美味硬式麵包，以及詳細的製作過程介紹，此外本書還有作者的獨門小偏方，讓你在家輕鬆製作。

烘焙良品 06
163 道五星級創意甜點
作者：橫田秀夫
定價：450 元
19×26cm・152 頁・彩色＋單色

本書介紹超多創意甜點，163 道食譜都能滿足你的需求，還能隨意加入市售的各種食品材料，使用的彈性範圍大就是本書的最大特色。

烘焙良品 07
好吃不發胖低卡麵包 PART 2
作者：茨木くみ子
定價：280 元
19×26 公分・80 頁・彩色

不發胖的麵包是以進入身體後容易燃燒的食材來製作。既不使用油脂，且蛋白質也控制在最低限度，就讓我們一起來吃低卡麵包吧！

烘焙良品 08
大人小孩都愛的米蛋糕
作者：杜麗娟
定價：280 元
21×28 公分・96 頁・彩色

本書突破了傳統只用麵粉作點心的規則，每道點心都是烘焙達人用心設計，堅持手作自然健康，過敏者也能安心食用唷！

烘焙良品 09
新手也會作，吃了會微笑的起司蛋糕
作者：石澤清美
定價：280 元
21×28 公分・88 頁・彩色

6 種起司，就能作出好吃起司蛋糕和點心，3 種基礎起司蛋糕製作搭配 6 種創新法，掌握 50 招達人祕笈，你也是起司蛋糕達人！

烘焙良品 10
初學者也 ok！自己作職人配方の戚風蛋糕
作者：青井聡子
定價：280 元
19×26 公分 · 88 頁 · 彩色

作法超簡單，只要有蛋、麵粉、砂糖、沙拉油就能輕鬆完成。堅持使用植物性油，並使其中充分含有空氣而產生細緻口感。

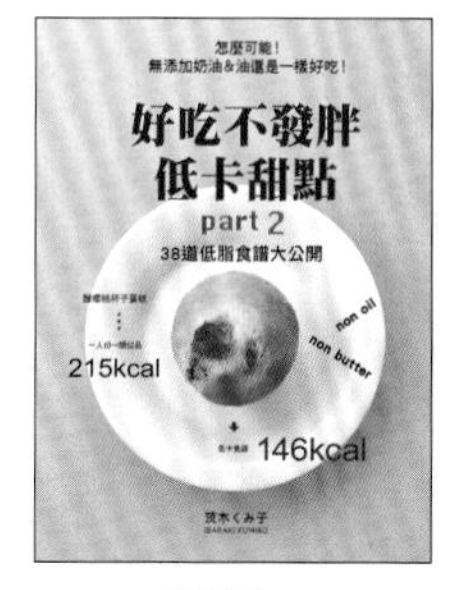

烘焙良品 11
好吃不發胖低卡甜點 part2
作者：茨木くみ子
定價：280 元
19×26cm · 88 頁 · 全彩

本書不僅包含基本裁縫工具的使用方法、圖文並茂的縫紉手法……並介紹許多能讓你事半功倍超好用的工具，還有豐富超實用小技巧唷！

烘焙良品 12
荻山和也 × 麵包機魔法 60 變
作者：荻山和也
定價：280 元
21×26cm · 100 頁 · 全彩

本書可說是荻山和也最精華的麵包食譜，除了基本款土司，並且可以當零嘴的甜麵包，輕食 & 午餐的鹹味麵包，還有祕密的私房特級麵包！

烘焙良品 13
沒烤箱也 ok！一個平底鍋作 48 款天然酵母麵包
作者：梶　晶子
定價：280 元
19×26cm · 80 頁 · 全彩

讓讀者在家也可輕易製作天然酵母麵包，以這些家中一定有的工具來進行麵包製作，即使是沒有麵包烘焙經驗的人，也能夠輕鬆動手體驗！

烘焙良品 14
世界一級棒的 100 道點心：史上最簡單！好吃又好作！
作者：佑成二葉・高沢紀子
定價：380 元
19×24cm · 192 頁 · 全彩

詳細圖解步驟的製作過程，並附有貼心小叮嚀教你注意過程中的楣楣角角，讓新手、家庭主婦、烘焙達人都能輕鬆上手！

烘焙良品 15
108 道鬆餅粉點心出爐囉！
作者：佑成二葉・高沢紀子
定價：280 元
19×26cm · 96 頁 · 全彩

收錄孩子們愛吃的點心！輕鬆利用鬆餅粉，烘焙出令人垂涎三尺的美味點心，與孩子一起享受司康、餅乾、多拿滋及捲餅……的好滋味！

烘焙良品 16
美味限定・幸福出爐！在家烘焙不失敗的手作甜點書
作者：杜麗娟
定價：280 元
21×28cm · 96 頁 · 全彩

50 道烤箱點心，讓你滿桌幸福好滿足。堅持少糖、少油的健康烘焙，超簡單！最完整！零失敗的幸福手作點心！